煤矿生产安全知识普及读本

煤矿自救互救知识

袁河津　主编

中国劳动社会保障出版社

图书在版编目(CIP)数据

煤矿自救互救知识/袁河津主编. —北京：中国劳动社会保障出版社，2011

煤矿生产安全知识普及读本

ISBN 978-7-5045-8976-7

Ⅰ.①煤… Ⅱ.①袁… Ⅲ.①煤矿-矿山救护-普及读物 Ⅳ.①TD77-49

中国版本图书馆CIP数据核字(2011)第048748号

中国劳动社会保障出版社出版发行

（北京市惠新东街1号　邮政编码：100029）

出版人：张梦欣

*

北京市艺辉印刷有限公司印刷装订　新华书店经销

850毫米×1168毫米　32开本　8.25印张　167千字

2011年4月第1版　2013年6月第3次印刷

定价：27.00元

读者服务部电话：010-64929211/64921644/84643933

发行部电话：010-64961894

出版社网址：http://www.class.com.cn

内容简介

本书为“煤矿生产安全知识普及读本”之一，包括煤矿安全生产方针与法律法规，矿井通风和瓦斯、粉尘及火灾防治基本知识，矿井防治水和顶板管理基本知识，瓦斯、煤尘爆炸现场自救互救知识，火灾现场自救互救知识，透水现场自救互救知识，冒顶现场自救互救知识和现场创伤急救知识等内容。

本书内容全面、通俗易懂，并配有大量的事故案例和插图进行深入浅出的讲解，可作为班组安全生产教育培训的教材，也可供煤矿安全生产管理人员参考使用。

本书由正高级工程师袁河津主编，开滦集团总医院袁楠副主任医师担任副主编，河北能源职业技术学院郭劲夫、高静和河北省唐山市博仁科技有限公司李菲插图。

前言

近年来，由于学习、实践科学发展观，坚持“安全第一、预防为主、综合治理”的安全生产方针，全国煤矿安全生产事故发生率明显下降，2008 年全国原煤产量达到 27.2 亿吨，同比增长 7.5%。煤矿事故总量在连续两年下降幅度超过 20%的基础上，事故起数和死亡人数同比下降 19.3%和 15.1%；百万吨死亡率 1.182，同比下降 20.4%。但是，由于煤矿作业条件特殊，安全管理存在漏洞，特别是煤矿企业班组职工安全素质较低，造成目前煤矿事故总量和百万吨死亡率仍偏高，重、特大事故还时有发生，我国煤矿安全生产形势依然严峻。

班组是企业的“细胞”，是最基本的生产单位，是企业物质文明和精神文明的最终实施单位。煤矿企业安全管理要以班组作为出发点，又要以班组作为落脚点，并贯穿班组工作的全过程，班组安全则企业安全。为了适应煤矿班组安全生产教育培训的需要，提高职工的综合安全素质，促进煤矿安全生产形势进一步好转，中国劳动社会保障出版社特组织编写了“煤矿生产安全知识普及读本”。

本套丛书主要有以下特点：一是具有权威性。本套丛书的作者均为长期从事煤矿安全生产管理工作的专业人员，他们具有扎实的理论知识，又具有丰富的现场经验。二是针对性强。本套丛书在介绍安全生产基础知识的同时，以作业方向为模块进行分类，并采用问答形式编写，每分册只讲与本作业方向相关的知识，因而内容更加具体，更有针对性。班组在不同时期可以选择不同作业方向的分册进行学习，或者在同一时期选择不同分册组合形成一套适合本作业班组的教材。

本套丛书面向煤矿企业基层班组，针对一线职工，注重实用性和系统性，语言通俗易懂，并且图文并茂、案例翔实，可作为煤矿企业班组安全生产教育培训的教材，也可供煤矿安全生产管理人员参考使用。

本套丛书在编写过程中得到了有关单位、部门和人员的大力支持和帮助，同时还参考了大量文献，在此一并表示感谢！

目录

1. 我国煤矿安全生产现状如何？

煤矿作为高危行业之一，安全生产始终是生产领域中的头等大事，党中央、国务院对煤矿的安全生产工作历来十分重视。近年来煤矿安全形势总体趋于好转。

但是，由于煤矿井下生产条件比较特殊，除了生产过程复杂、环节繁多、条件恶劣和场所移动以外，还受到水、火、瓦斯、煤与瓦斯突出、煤尘、顶板和冲击地压等自然灾害严重威胁；加上技术装备水平比较落后，职工队伍素质不高，安全管理薄弱，一些单位和私营矿主在趋利思想的支配下，忽视安全和职工健康，短期行为表现突出。所以，造成煤矿重、特大事故时有发生，事故总量很大，安全隐患仍然比较突出，煤矿安全生产形势依然十分严峻。

2010 年全国发生煤矿事故起数和死亡人数分别为 1 403 起、死亡 2 433 人，分别比 2009 年下降 13.2%和 7.5%。2010 年和“十一五”时期我国的安全生产工作虽然取得了积极进展，但安全生产形势依然严峻，如重、特大事故尚未得到有效遏制；安全生产基础仍然薄弱，煤矿等高危行业结构不合理等问题较严重。

2. 安全在煤矿生产中的地位和作用是什么?

安全是煤矿生产中的头等大事，我们可以从以下五个方面去思考和评价。

（1）自然灾害的复杂性。煤矿生产除了一般工业生产具备的自然灾害以外，同时存在着水、火、瓦斯、煤尘和顶板等事故的严重威胁。

（2）伤亡事故的危害性。在我国铁路、冶金、建筑、纺织、化工、石油、建材、有色金属、地质、轻纺、电力和煤炭等 12 类产业中，煤炭行业事故最频，伤亡数最高，每年事故死亡人数超过其他 11 类产业的总和。我国煤产量占世界的 1/5，而死亡人数却占 4/5。

（3）职业病危害的严重性。据 2001 年资料统计，全国煤工尘肺病患者 22.7 万人，占全国各行各业尘肺病人总数的 39.9%。20 世纪 90 年代每年大约有 3 000 人死于尘肺病，至 2001 年底累计死亡 135 951 人。因尘肺病造成的直接经济损失高达数十亿元。此外，风湿病、腰肌劳损等职业性疾病在煤矿也十分普遍。

(4) 事故经济损失巨大。每发生一起事故，都要付出数目巨大的抢救费、医疗费、抚恤费和子女养育费等，如 2005 年 2 月 14 日辽宁省阜新某煤矿发生一起特别重大瓦斯爆炸事故，造成 214 人死亡，30 人受伤，直接经济损失达 4 968.9 万元。又如 1984 年 6 月 2 日河北省某煤矿发生一起奥灰水淹井灾害，造成停产，当时造成全国煤炭供给紧张。停产后，恢复生产费用达 5 亿元。

(5) 煤矿秩序的稳定性。煤矿安全问题是煤炭生产发展的严重障碍之一。同时，解决安全问题具有深远的政治意义，对维护改革、发展、稳定的大局，体现社会主义制度的优越性，密切党和群众的关系，提高人民群众主人翁地位，构建和谐社会都至关重要。

3. 新时期我国煤矿安全生产方针的内容是什么?

煤矿安全生产方针是党和国家对煤矿安全工作提出的总体要求和指导原则，它为煤矿安全生产工作指明了方向。所以，所有煤矿企业都必须认真贯彻落实煤矿安全生产方针。

1996 年 12 月 1 日起实施的《煤炭法》中明确规定：煤矿企业必须坚持安全第一、预防为主的安全生产方针。

党和政府对安全生产工作非常重视。2005 年提出安全生产要贯彻“安全第一，预防为主，综合治理”的方针。这一方针反映了党对安全生产规律的新认识，对于指导社会主义市场经济和改革开放新时期的安全生产工作意义深远而重大。

新时期安全生产方针比以往的提法增加了“综合治理”四个

字，是对安全生产方针的充实、丰富和发展，它既继承了以往的精华，又进行了发展；既适应了当前安全生产新形势的迫切要求，又为未来安全生产工作拓展了空间，对于指导新时期的安全生产工作意义深远而重大。

4. 煤矿从业人员应享有哪些安全生产权利？

煤矿从业人员应享有以下 6 方面安全生产权利：

（1）煤矿企业与从业人员订立的劳动合同，应当载明有关保障从业人员劳动安全、防止职业危害，以及依法为从业人员办理工伤社会保险等事项。

（2）煤矿企业从业人员有权了解其作业场所和工作岗位存在的危险因素、防范措施及事故应急措施，有权对本单位的安全生产工作提出建议。

（3）从业人员有权对本单位安全生产工作中存在的问题提出批评、检举和控告，有权拒绝违章指挥和强令冒险作业。

（4）从业人员发现直接危及人身安全的紧急情况时，有权停止作业或采取可能的应急措施后撤离作业场所。

（5）因生产安全事故受到损害的从业人员，除依法享有工伤社会保险外，依照有关民事法律尚有获得赔偿权利的，有权向本单位提出赔偿要求。

5. 煤矿从业人员应履行哪些安全生产义务？

煤矿从业人员应履行以下 4 方面安全生产义务：

（1）从业人员应当接受安全生产教育和培训，掌握所需的安全生产知识，提高安全生产操作技能，增强事故预防和应急处理能力。

（2）从业人员在生产劳动过程中，应当严格遵守本单位的安全生产规章制度、操作规程及安全技术措施；要服从班组长的管理，听从班组长的安排，维护班组长的威信。

（3）从业人员上岗时要正确佩戴和使用劳动防护用品。劳动防护用品是保护从业人员在劳动过程中安全与健康的一种防御性装备。不同的劳动防护用品有其特定的佩戴和使用规则、方法，只有正确佩戴和使用，才能真正起到防护作用。煤矿企业为从业人员提供符合国家标准或行业标准的劳动防护用品后，从业人员有义务正确佩戴和使用。

（4）从业人员发现事故隐患或其他不安全因素，应当立即向现场安全生产管理人员或本单位负责人报告，同时，在保证自身安全前提下，消除灾害，处理事故，并对创伤人员进行现场急救。

6. 煤矿安全生产法律法规的作用是什么？

随着改革开放的不断深入，我国逐步进入法治社会，煤矿安全生产法律法规体系基本形成。煤矿企业从业人员一定要学习煤矿安全生产法律法规知识，从而做到知法、懂法和依法办事。煤矿安全生产法律法规的作用有以下五方面。

（1）具体体现了国家对煤矿安全生产工作的各项要求。

（2）是煤矿在安全生产管理方面一切行为的准则，使煤矿生产建设有法可依、有章可循，以保障煤矿的安全生产和正常的工作秩序。

(3) 用来加强煤矿职工的法制观念，限制违章、惩罚犯罪、教育人们吸取教训，鼓励职工自觉遵纪守法，以达到最大限度地防治煤矿各种灾害的目的。

(4) 有利于保护煤矿职工安全监督的民主权利，更好地发动群众，用群众管理的方法搞好安全生产。

(5) 有利于煤矿职工运用法律武器，捍卫自己的合法权益。

◎真实案例

2008 年 7 月 21 日，广西某煤矿发生特别重大透水事故，造成 36 人死亡，直接经济损失 989 万元。这是一起由于安全管理不到位、现场管理混乱、违规组织生产而导致的责任事故。27 名事故责任人受到责任追究。其中，煤矿党委书记、常务副矿长李××等 4 名事故责任人被移送司法机关依法追究刑事责任；给予矿务局副局长卢××、百色市常务副市长梁×等 23 名事故责任人党纪、政纪处分。依法对事故企业罚款 400 万元。

7. 目前有哪些煤矿安全生产相关的法律法规?

目前，随着我国法制体系建设不断完善，在煤矿安全生产方面颁发实施了一系列相关的法律法规。它们主要有：

1. 《安全生产法》

它是我国第一部全面规范安全生产的综合性法律。自 2002 年 11 月 1 日起施行。

2. 《劳动法》

其立法目的是为了保护劳动者的合法权益，调整劳动关系，建立和维护适应社会主义市场经济的劳动制度，促进经济发展和社会进步。自 1995 年 1 月 1 日起施行。

3.《矿山安全法》

它是我国第一部专门的矿山安全法律。自 1993 年 5 月 1 日起施行。

4.《煤炭法》

它是我国第一部全面规范煤炭生产经营活动的综合性法律。自 1996 年 12 月 1 日起施行。

5.《煤矿安全监察条例》

它的颁布实施是煤矿安全监察法制建设历程中具有开创性的里程碑。自 2000 年 12 月 1 日起施行。

6.《职业病防治法》

其立法目的是为了预防、控制和消除职业病危害，防治职业病，保护劳动者健康及其相关权益，促进经济发展。自 2002 年 5 月 1 日起施行。

7.《工伤保险条例》

其立法目的是为了保障因工作遭受事故伤害或者患职业病的职工获得医疗救治和经济补偿，促进工伤预防和职业康复，分散用人单位的工伤风险。自 2004 年 1 月 1 日起施行。2010 年 12 月 8 日，国务院常务会议决定对《工伤保险条例》作出修改，新条例自 2011 年 1 月 1 日起实施。

8.《关于预防煤矿生产安全事故的特别规定》

它的贯彻执行能够把煤矿安全生产的关口前移，及时发现并排除煤矿安全生产隐患，落实煤矿安全生产责任，预防煤矿生产安全事故发生，保障职工的生命安全和煤矿安全生产。自 2005 年 9 月 3 日起施行。

9.《刑法修正案（六）》

新修正的《刑法》加重了对生产安全事故犯罪的刑事处罚力度。自 2006 年 6 月 29 日起施行。

10.《煤矿生产安全事故报告和调查处理条例》

其立法目的是为了规范煤矿生产安全事故的报告和调查处理，落实生产安全事故责任追究制度，防止和减少煤矿生产和安全事故。自 2008 年 12 月 11 日起施行。

11.《〈生产安全事故报告和调查处理条例〉罚款处罚暂行规定》

它是对《生产安全事故报告和调查处理条例》中罚款处罚的有关规定。自 2007 年 7 月 12 日起施行。

12.《关于进一步加强企业安全生产工作的通知》

2010 年 7 月 23 日国务院《关于进一步加强企业安全生产工作的通知》正式公布，这是继 2004 年《关于进一步加强安全生产工作的决定》之后，国务院关于加强安全生产工作出台的又一个重要文件。这份通知从企业安全管理、技术保障、监督管理、应急救援、行业安全准入、政策引导、经济发展方式转变、考核和责任追究等方面，对安全生产工作提出了新的更高要求。

通知在很多方面都有针对性地提出了新对策、新举措，如对隐患治理和事故查处实行挂牌督办，落实企业安全生产主体责任，强化安监部门综合监管职责、相关部门监督管理职责，高危行业企业准入安全标准前置，扶持发展安全产品装备产业，建立国家矿山应急救援基地和队伍，提高事故死亡赔偿标准等。这个文件对我国加强企业安全生产，从根本上提高企业的安全生产水平，促进全国安全生产形势稳定、好转具有十分重要的意义。

8. 修订后的《防治煤与瓦斯突出规定》主要有哪些内容?

《防治煤与瓦斯突出规定》已经于 2009 年 4 月 30 日公布，自 2009 年 8 月 1 日起施行，原煤炭工业部 1995 年 1 月 25 日发布的《防治煤与瓦斯突出细则》同时废止。

《防治煤与瓦斯突出规定》共七章、124 条。主要包括以下内容：

（1）总则。共 7 条。

（2）一般规定。共 25 条。

（3）区域综合防突措施。共 26 条。

（4）局部综合防突措施。共 48 条。

（5）防治岩石与二氧化碳（瓦斯）突出措施。共 5 条。

（6）罚则。共 12 条。

（7）附则。共 1 条。

（8）附录 A 至附录 E。

9.《煤矿防治水规定》修订后主要有哪些内容?

《煤矿防治水规定》已经 2009 年 8 月 17 日国家安全生产监督管理总局局长办公会议审议通过，自 2009 年 12 月 1 日起施行。1984 年 5 月 15 日原煤炭工业部颁发的《矿井水文地质规程》（试行）和 1986 年 9 月 9 日原煤炭工业部颁发的《煤矿防治水工作条例》（试行）同时废止。

《煤矿防治水规定》共有十章、142 条。主要包括以下内容：

（1）总则。共 10 条。

（2）矿井水文地质类型划分及基础资料。共 9 条。

（3）水文地质补充调查与勘探。共 21 条。

（4）矿井防治水。共 47 条。

（5）井下探放水。共 14 条。

（6）水体下采煤。共 7 条。

（7）露天煤矿防治水。共 6 条。

（8）水害应急救援。共 15 条。

（9）罚则。共 11 条。

（10）附则。共 2 条。

（11）附录一至附录六。

10. 申报国家级安全质量标准化煤矿必须具备哪些条件？

国家安全生产监督管理总局、国家煤矿安全监察局 2009 年 8 月 8 日下发的《关于印发国家级安全质量标准化煤矿考核办法（试行）的通知》（安监总煤行〔2009〕150 号）中规定，申报国家级安全质量标准化煤矿必须具备以下条件：

（1）依法取得“六证”（采矿许可证、煤矿安全生产许可证、煤炭生产许可证、矿长资格证、矿长安全资格证、营业执照）且在有效期内的生产煤矿（井工煤矿和露天煤矿）。

（2）符合国家煤炭产业政策规定的区域煤矿生产规模。

（3）连续两年被评为一级安全质量标准化煤矿。

（4）连续两年未发生原煤生产死亡和重大涉险事故。

（5）采掘机械化程度分别达到：井工煤矿采煤机械化程度，薄煤层不低于45%，中厚煤层、厚煤层不低于95%；掘进装载机械化程度不低于90%。露天煤矿采剥机械化程度100%。

（6）生产布局合理，接续正常。开拓、准备、回采三个煤量可采期符合国家有关规定；采区和工作面开采顺序、采煤方法符合《煤矿安全规程》规定；井工煤矿采区和采煤工作面回采率、露天煤矿采出率符合国家规定。

（7）调度通信、生产管理实现计算机网络化管理；矿井装备安全监控系统符合《煤矿安全监控系统及检测仪器使用管理规范》（AQ1029—2007）规定。

（8）建立健全劳动定员管理制度，矿井作业人员管理系统符合《煤矿井下作业人员管理系统使用与管理规范》（AQ1048—2007）规定。

（9）安全培训机构、人员、经费满足安全教育培训和提升职工专业素质需要，做到培训制度化；全员教育培训率100%；主要负责人、安全生产管理人员、特种作业人员持证上岗率100%。

（10）井工煤矿按规定建立瓦斯抽采系统，抽采效果达到《煤矿瓦斯抽采基本指标》（AQ1026—2006）规定；计划回采煤量未超过瓦斯抽采达标煤量。

（11）未使用国家明令禁止的采煤工艺、支护方式和设备、材料；设备完好率达到95%及以上；无电气设备失爆。

（12）严格按照核定（或设计）生产能力均衡生产。全年产量未超过核定生产能力。

（13）安全费用提取、使用和管理符合《煤炭生产安全费用提取和使用管理办法》（财建〔2004〕119号）和《关于调整煤炭生产安全费用提取标准加强煤炭生产安全费用使用管理与监督的通知》（财建〔2005〕168号）规定。风险抵押金的存储和使用符合《煤矿企业安全生产风险抵押金管理暂行办法》（财建〔2005〕918号）规定。

（14）建立健全隐患排查和治理制度，能按照《安全生产事故隐患排查治理暂行规定》（国家安全生产监督管理总局令第16号）进行隐患排查和治理；治理重大隐患的资金和人力投入有保障，能按规定和时限要求完成治理。

11. 国家级安全质量标准化煤矿如何进行考核?

（1）每年组织一次国家级安全质量标准化煤矿考核。

（2）符合国家级安全质量标准化条件的煤矿，按行政隶属关系，分别向市（地、州、盟）负有煤矿安全质量标准化工作职责的部门（以下简称市级标准化工作部门）或集团公司申报；有关部门和集团公司按照本办法规定进行审核，审核合格后，报省（自治区、直辖市及新疆生产建设兵团）负有煤矿安全质量标准化工作职责的部门（以下简称省级标准化工作部门）。

（3）各省级标准化工作部门接到申报材料后，按本办法规定采取书面和现场抽查的方式进行审核，审核合格的，征求相关省级煤矿安全监察机构意见后，于每年的2月15日前将上一年度初审结果以正式文件（附申报表和相关材料）报国家煤矿安全监察局。中央企业所属煤矿的申报，按照属地管理原则，一并纳入所在省（自治区、直辖市）范围。省级标准化工作部门对中央企业所属煤矿组织国家级安全质量标准化现场抽查审核时，应会同该煤矿的上一级公司共同进行。

（4）国家煤矿安全监察局组织专家，采取书面审查与现场抽查相结合的方式，对各省级标准化工作部门上报的国家级安全质量标准化煤矿进行审核。

（5）通过审核的煤矿，在国家安全生产监督管理总局、国家煤矿安全监察局政府网站予以公示，广泛征求意见。公示时间为15天，公示期满无异议的，国家安全生产监督管理总局、国家煤矿安全监察局予以命名表彰。

（6）考核验收过程中发现存在重大安全生产隐患，以及审核、公示期间，申报煤矿发生死亡事故的，取消申报资格。

（7）申报煤矿及其上级管理单位必须如实申报，如发现弄虚作假，除取消该矿当年申报资格外，3年内不得再次申报。

12. 煤矿15种重大安全生产隐患和行为是什么？

2005年9月3日颁布的《国务院关于预防煤矿生产安全事故的特别规定》中列举了危及煤矿安全生产的15种隐患和行为。它们是：

（1）超能力、超强度或超定员组织生产的。

（2）未按规定检测瓦斯及瓦斯超限作业的。

（3）煤与瓦斯突出矿井未按照规定实施防突措施的。

（4）高瓦斯矿井未建立瓦斯抽放系统和监控系统，或者监控系统不能正常运行的。

（5）通风系统不完善、不可靠的。

（6）有严重水患未采取措施的。

（7）超层越界开采的。

（8）有冲击地压危险未采取有效措施的。

（9）自然发火严重未采取有效措施的。

（10）使用明令禁止使用或者淘汰的设备、工艺的。

（11）年产 6 万吨以上的煤矿没有双回路供电系统的。

（12）新建煤矿边建设边生产，煤矿改、扩建期间在改、扩建的区域生产；或者在其他区域的生产超出安全设计规定范围和规模的。

（13）煤矿实行整体承包生产经营后，未重新取得安全生产许可证和煤炭生产许可证从事生产的；或者承包方再次转包的，以及煤矿将井下采掘工作面和井巷维修作业进行劳务承包的。

（14）煤矿改制期间未明确安全生产责任人和安全管理机构的；或者在完成改制后未重新取得或者变更采矿许可证、安全生产许可证、煤炭生产许可证和营业执照的。

（15）有其他重大安全生产隐患的。

存在以上隐患和行为的，应当立即停止生产，排除隐患。

13. 煤矿从业人员三级安全教育培训的内容是什么？

煤矿新工人入矿后必须进行以下三级安全教育培训：

1. 入矿教育

对新入矿的工人必须接受入矿安全教育。

入矿教育主要内容有：煤矿安全生产方针和基本法律法规，煤矿安全的特殊性，本矿安全生产的基本状况，矿内特殊危险地点介绍；一般入矿安全须知和预防事故的基本知识。

2. 车间、区队教育

新工人接受入矿教育后，分配到车间、区队时所接受的安全教育。

车间、区队教育主要内容有：本车间、区队安全生产情况，劳动纪律和生产规则，必须遵守的安全规章制度、安全注意事项，车间、区队的危险区域，尘毒危害情况等。

3. 岗位教育

岗位教育是新工人到达岗位开始作业前，在班组所接受的安全教育。

岗位教育主要内容有：班组安全生产概况，工作性质和职责范围，机械设备的安全操作方法，各种防护设施的性能和作用，作业地点可能出现的安全隐患、事故的预防和控制方法，发生事故时的安全撤退路线和紧急救灾措施；个体防护用品的使用方法等。

14. 贯彻实施《煤矿安全规程》的意义是什么？

（1）《煤矿安全规程》是煤炭工业主管部门制定的在安全管理、特别是在安全技术上总的规定，是煤炭工业贯彻落实《安全生产法》《矿山安全法》《煤炭法》和《煤矿安全监察条例》等安全法律法规的具体体现。

（2）《煤矿安全规程》是保障煤矿职工安全与健康，保护国家资源和财产不受损失，促进煤炭工业健康发展必须遵循的准则。

（3）《煤矿安全规程》是煤矿职工从事生产和指挥生产最重要的行为规范。

所以，全国所有煤矿企、事业单位及其主管部门都必须严格执行《煤矿安全规程》。

15.《煤矿安全规程》的内容有哪些?

《煤矿安全规程》有四编及附则，共二十章 751 条，具体包括以下内容。

第一编为总则，共有 14 条。

在第一编中规定了煤矿必须遵守有关安全生产的法律法规、规章、规程、标准和技术规范；建立各类人员安全生产责任制；明确职工有权制止违章作业、拒绝违章指挥。

第二编为井工部分，有 10 章 519 条。

在二编中规定了井下采煤有关开采、“一通三防”、防治水、机电运输、爆破作业以及煤矿救护等所涉及的安全生产行为标准。

第三编为露天部分，有 8 章 204 条。

在第三编中规定了露天开采所涉及的安全生产行为标准。

第四编为职业危害，有 2 章 13 条。

在第四编中规定了职业危害的管理、监测及健康监护的标准。

附则有 1 条。

16.《煤矿安全规程》的特点是什么？

《煤矿安全规程》有以下 4 个特点：

1. 强制性

《煤矿安全规程》是煤矿安全法律法规体系的组成部分，所有煤矿企、事业单位和职工的生产行为都不能与之相背离，否则，视情节或后果严重程度给予行政处分、经济处罚直至由司法机关追究其刑事责任。

2. 规范性

《煤矿安全规程》规定了煤矿生产建设中哪些行为被允许，哪些行为被禁止，哪些行为是必须的，哪些行为是采取什么措施后才允许的，具有很强的规范性。同时，它也是认定煤矿事故性质和应承担法律责任的重要依据。

3. 科学性

《煤矿安全规程》是长期煤炭生产经验和科学研究成果的总结，是广大煤矿职工智慧的结晶，也是煤矿职工用生命和汗水换来的教训，它的每一条规定都是在某种特定条件下可以普遍适用的行为规则。

4. 稳定性

《煤矿安全规程》在一段时期内相对稳定，不得随意修改。经执行一定时间后再由国家安全生产监督管理总局和国家煤矿安全监察局负责组织修订。

17.制定、贯彻《作业规程》有什么具体规定？

在制定、贯彻《作业规程》时应遵守以下 4 方面具体规定：

（1）每一个采掘工作面开工以前，必须按照一定程序、时间和要求，坚持“一个工作量一个规程”的原则编写《作业规程》，不得沿用、套用其他采掘工作面的《作业规程》，严禁无《作业规程》组织采掘生产工作。

（2）采掘工作面《作业规程》的贯彻学习，必须在工作面采煤和掘进施工以前完成。由施工单位负责人组织施工人员学习，由编制本规程的工程技术人员负责贯彻。参加学习的施工人员必须经考试合格后方可上岗作业。考试的成绩应登记在本规程的贯彻学习记录簿上，并由本人签名，存入本单位的安全培训档案。考试成绩不合格的，要进行补充贯彻和补考。

（3）从开工之日起，至少每月应重新学习一次《作业规程》。遇到工作面的地质、施工条件发生变化，必须及时补充修改安全技术措施。补充的安全技术措施也必须履行审批和贯彻程序。

（4）对于违反《作业规程》所造成的各类事故，要坚持“四不放过”的原则，即事故原因没查清不放过，事故责任者没受到处理不放过，事故责任者和群众没受到教育不放过，整改措施没落实不放过。严格进行追查处理，还要对《作业规程》进行补课学习。

18. 为什么必须熟悉并掌握《操作规程》？

1.《操作规程》的性质

《操作规程》是煤矿企、事业单位或其主管部门根据《煤矿安全规程》和有关质量标准等文件的规定，结合岗位工人的工作环境条件和使用的工具设备等具体情况，以保证人员、设备的安全为目的而编制，指导工人在本岗位进行生产工艺操作的行为标准，具有法规性质。

2.《操作规程》的基本内容

《操作规程》的基本内容一般包括：一般规定、准备、检查和处理、操作和注意事项，以及工作收尾等部分。每一部分都对岗位工人生产作业中的具体操作程序、方法、安全注意事项等做了具体、明确的规定。

3. 必须熟悉并掌握《操作规程》

现场作业人员只有严格按本工种、本岗位的《操作规程》去操作、作业，才能保证人员、设备和设施的安全，保证生产的正常进行。违反《操作规程》就可能导致事故发生，造成设备、设施损坏，人员伤亡、生产中断，甚至发生矿井重大灾害事故，所以，煤矿从业人员必须熟悉并掌握《操作规程》，严格执行本工种、本岗位的《操作规程》。

19. 违反煤矿安全生产法律法规要追究哪些责任？

违反煤矿安全生产法律法规主要追究以下 3 种责任：

1. 行政责任

行政责任是由国家行政机关对违反煤矿安全生产法律法规的单位和个人追究的责任。

（1）行政处罚：包括警告、罚款、没收违法所得、责令改正、责令限期改正、责令停止违法行为、责令停产停业整顿、责令停产停业、责令停止建设、拘留、关闭、吊销有关证照及安全生产法律法规、行政法规规定的其他形式。

（2）行政处分：包括警告、记过、记大过、降级、降职、撤职、留用察看和开除8种形式。

2. 刑事责任

刑事责任是对触犯国家《刑法》的责任者所追究的责任。

我国《刑法》规定，刑罚的种类有管制、拘役、有期徒刑、无期徒刑和死刑5种主刑，还有罚金、剥夺政治权利和没收财产3种附加刑。

3. 民事责任

民事责任是违反民事义务、侵害他人合法权益而依法应该承担的责任。民事责任有多种形式，在安全生产中主要是“赔偿损失”的形式。

◎真实案例

2009年5月30日10点55分，重庆市某煤矿发生特别重大煤与瓦斯突出事故，造成30人死亡、79人受伤，直接经济损失1 219万元。

这是一起由于事故发生单位及施工单位执行国家有关安全生产法律法规不力，安全生产责任和防突措施不落实，管理混乱，违章指挥、违章作业、违反作业规程，有关政府职能部门监管不到位而导致的责任事故。39名事故责任人受到责任追究。

20. 生产安全事故罚款处罚有什么规定?

事故发生单位的主要负责人、直接负责的主管人员和其他直接责任人员依照下列规定给予罚款处罚：

（1）谎报、瞒报事故的，处上一年年收入的60%～80%的罚款。

（2）下列情形之一的，处上一年年收入的 80％～90％的罚款：

1）伪造、故意破坏事故现场的。

2）转移、隐匿资金、财产，销毁有关证据、资料的。

3）拒绝接受调查的。

4）拒绝提供有关情况和资料的。

5）在事故调查中做伪证的。

6）指使他人做伪证的。

（3）事故发生后逃匿的，处上一年年收入的 100％的罚款。

21. 涉及煤矿安全的常见刑事犯罪有哪些？

煤矿安全常见以下 3 种刑事犯罪：

1. 重大责任事故罪

重大责任事故罪是指工厂、矿山、林场、建筑企业或者其他企、事业单位的职工，由于不服管理，违反规章制度，或者强令工人违章冒险作业，因而发生重大伤亡事故或者造成其他严重后果，危害公共安全的行为。

◎真实案例

2004 年 10 月 20 日，河南某煤矿井下掘进工作面放炮，引发延期性特大煤与瓦斯突出，进而引起瓦斯爆炸事故，造成 148 人死亡、35 人受伤，直接经济损失 3 935.7 万元。事故刑事责任处理如下：

1）矿通风科调度员贾××，事故当日在接到井下瓦斯超限的报警后，没有及时向矿领导和有关部门报告，也未采取停电撤人措施，延误了救援时间；事故发生后，还撕毁并伪造事故当日值班记录。

2）矿调度员景××，事故当日对安全监控系统长时间报警不按规定及时采取停电撤人措施。

3）矿通风科长彭××，不坚守岗位，擅自离岗，使安全监控系统长时间报警却得不到及时处理。

4）矿长助理付××，事故当日值班期间玩牌娱乐，没有及时掌握生产动态和发现问题，接到安全监控系统长时间报警的报告后，不能及时指挥值班调度员组织有关部门派人迅速处理，也未按规定采取停电撤人措施。

以上4人对事故发生均负有直接责任，均已构成重大责任事故罪，分别判处七年、六年、四年和三年有期徒刑。

2. 重大劳动安全事故罪

重大劳动安全事故罪是指工厂、矿山、林场、建筑企业或者其他企、事业单位的劳动安全设施不符合国家规定，因而发生重大伤亡事故或者造成其他严重后果、危害公共安全的行为。

◎真实案例

2005年7月11日新疆某煤矿发生特大瓦斯爆炸事故，造成83人死亡、4人受伤，直接经济损失3 517万元。

该矿在无专用通风井，无安全生产许可证，无改、扩建资格证书的情况下便投入生产。公司董事长姜××为了追求高额利润、拒不执行政府有关部门的监管、监察指令。仅2004—2005年政府有关部门就给该矿下达了15份整改通知，但从未引起姜

××等人重视，依然违规生产。刘××在无矿长资格证的情况下担任煤矿矿长，在管理该矿期间，随意变更安全管理机构，矿井安全管理混乱。

在这次事故中以重大劳动安全事故罪判处原董事长姜××有期徒刑六年、原矿长刘××有期徒刑五年、原副矿长兼调度室主任任××有期徒刑三年。

3. 玩忽职守罪

玩忽职守罪是指国家机关工作人员严重不负责任，不履行或者不认真履行职责，致使公共财产、国家和人民利益遭受重大损失的行为。

◎真实案例

2010 年 6 月 21 日 1 时 22 分，河南某煤矿发生特别重大炸药燃烧事故，造成 49 人死亡、26 人受伤（其中重伤 9 人），直接经济损失 1 803 万元。

该事故直接原因是：井下 1 号炸药存放点存放的非法私制硝铵炸药自燃后，引燃炸药存放点内木料及附近巷道内的塑料网、木支护材料、电缆等，产生高温气流和大量的一氧化碳等有毒有害气体，导致井下作业人员灼伤和中毒窒息伤亡。

对事故责任人的处理，移送司法机关的共 34 人，其中因涉嫌玩忽职守罪的有：

张××，该矿所在地矿务局副局长。2010 年 7 月 12 日因涉嫌玩忽职守罪被逮捕。

余××，该矿所在区委常委、统战部部长，区包矿领导。2010 年 7 月 24 日因涉嫌玩忽职守罪被刑事拘留。

赵××，该矿所在区总工会主席，区包矿领导。2010 年 7 月 24 日因涉嫌玩忽职守罪被刑事拘留。

岳×，该矿所在区地矿局局长。2010 年 7 月 27 日因涉嫌玩忽职守罪被刑事拘留。

4. 非法采矿罪

非法采矿罪是指违反《矿产资源法》的规定，经责令停止开采后拒不执行，造成矿产资源破坏的行为。

◎真实案例

2007 年 5 月 5 日 13 点 50 分，山西某煤矿发生重大瓦斯爆炸事故，造成 28 人死亡、23 人受伤（其中 1 人重伤），直接经济损失 1 183.44 万元。

该矿长期违法违规组织生产，超员、越界开采。事故发生后，该公司董事长、法定代表人、煤矿矿长，公司副总经理，副矿长，矿总工程师均被追究非法采矿罪。

22. 生产安全事故犯罪有哪些刑事处罚办法?

生产安全事故犯罪主要刑事处罚办法有：

（1）在生产、作业中违反有关安全管理的规定，因而发生重大伤亡事故或者造成其他严重后果的，处三年以下有期徒刑或者拘役；情节特别恶劣的，处三年以上七年以下有期徒刑。

（2）强令他人违章冒险作业，因而发生重大伤亡事故或者造成其他严重后果的，处五年以下有期徒刑或者拘役；情节特别恶劣的，处五年以上有期徒刑。

（3）安全生产设施或者安全生产条件不符合国家规定，因而发生重大伤亡事故或者其他严重后果的，对直接负责的主管人员和其他直接责任人员，处三年以下有期徒刑或者拘役；情节特别恶劣的，处三年以上七年以下有期徒刑。

（4）在安全事故发生后，负有报告职责的人员不报或者谎报事故情况，贻误事故抢救，情节严重的，处三年以下有期徒刑或者拘役；情节特别严重的，处三年以上七年以下有期徒刑。

23. 举报煤矿重大安全生产隐患和违法行为的奖励办法是什么?

举报煤矿重大安全生产隐患和违法行为，经调查属实的，受理举报的部门或者机构应当给予实名举报的最先举报人1 000～10 000元的奖励。

举报内容如下：

（1）举报非法煤矿。即煤矿未依法取得采矿许可证、安全生产许可证、煤炭生产许可证、营业执照或矿长未依法取得矿长资格证、矿长安全资格证擅自进行生产的，或者未经批准擅自建设的。

（2）举报煤矿非法生产。即煤矿已被责令关闭、停产整顿、停止作业，而擅自进行生产的。

（3）举报煤矿重大安全生产隐患。

（4）举报隐瞒煤矿伤亡事故。

（5）举报国家机关工作人员和国有企业负责人投资入股煤矿，以及其他与煤矿安全生产有关的违规违法行为的。

（6）举报煤矿其他安全生产违规违法行为的。

24. 区（队）、班（组）长安全生产责任制内容是什么？

区（队）、班（组）长安全生产责任制主要有以下 8 方面内容：

（1）认真执行有关安全生产的规定，模范遵守安全技术操作规程，对本区（队）、班（组）工人在生产中的安全和健康负责。

（2）根据生产任务、作业环境和工人思想状况，具体布置安全工作。对新工人进行现场安全教育，并指定专人负责其劳动安全。

（3）组织区（队）、班（队）工人学习有关安全规程和规定，检查执行情况。教育工人不得违章蛮干，发现违章作业和违反劳动纪律情况，立即进行劝阻。

（4）自身带头遵章守纪，不违章指挥，不强令工人违章蛮干。

（5）经常检查生产中的不安全因素，发现事故隐患及时解决。对暂时不能从根本上解决的问题，要采取临时措施加以控制，并及时上报。

（6）现场发生伤亡事故，要积极组织抢救处理并保护现场。事故发生后要立即组织全体区（队）、班（组）工人认真分析，吸取教训，提出防范措施。

（7）认真做好交接班工作，对于本班存在的安全隐患必须交接清楚。

（8）对安全工作表现好的工人进行表扬奖励，对“三违”人员给予批评并加以经济处罚。

25. 区（队）、班（组）从业人员安全岗位责任制内容是什么？

区（队）、班（组）从业人员安全岗位责任制主要有以下内容：

（1）认真学习上级有关安全生产规程、规定和规章制度。积极参加安全技术知识培训，熟悉并掌握安全操作技能。

（2）自觉执行安全生产各项规章制度、安全技术措施和本工种的操作规程。

（3）遵守劳动纪律，服从区（队）、班（组）长的现场管理。

（4）自身不违章操作、作业。制止其他人员违章作业，拒绝区（队）、班（组）长的违章指挥。

（5）爱护、保护安全设施和安全标志。

（6）正确佩戴、使用和爱护个人劳动防护用品。

（7）搞好本工种、本岗位的质量标准化和文明生产工作。

（8）积极参加各项安全生产活动并提出安全生产合理化建议。

（9）发现事故隐患要及时排除。发生事故后要积极参与自救互救、创伤急救活动。

26. 什么是现场安全联防互保制度？

现场安全联防互保制度主要有以下三种形式：

（1）自保。自保是指工人与区（队）、班（组）长签订安全责任状，保证本人安全作业，并承担一定责任。

（2）互保。互保是指工人之间结成对子，签订安全互保合同，规定双方的权利和义务。目前互保形式主要有：一是以作业小组为单位结成互保对子；二是党、团员，先进人物与其他工人结成互保对子；三是班（组）长、劳动保护检查员和安全检查工与普通工人结成互保对子；四是老工人与新工人结成互保对子。

（3）联保。联保是指由多名工人组成联保小组。例如：瓦斯检验工、爆破工和班（组）长结成安全爆破联保小组；爆破工、掘进机司机和支架工结成掘进顶板安全联保小组等。还可以与职工家属、共青团组织签订联保公约，发挥家属和青年在安全生产中的作用。

27. 煤矿企业职业健康检查有哪些规定?

《煤矿安全规程》规定：

（1）对新入矿的工人必须进行职业健康检查，并建立健康档案。

（2）定期对接触粉尘、毒物及有关物理因素等作业人员进行职业健康检查。

（3）职业性健康检查、职业病诊断、职业病治疗应由取得相应资格的职业卫生机构承担。

（4）对检查出的职业病患者，煤矿企业必须按国家相关规定及时进行治疗、疗养和调离有害作业岗位，并做好健康监护及职业病报告工作。

（5）对接尘工人的职业健康检查必须拍照胸大片。《煤矿安全规程》中对检查时间间隔做了具体要求。

28. 使用煤矿劳动防护用品有哪些规定?

按照 2005 年 9 月 1 日起施行的《劳动防护用品监督管理规定》要求，必须做到以下几点：

（1）煤矿企业不得以货币或者其他物品替代应当按规定配备的劳动防护用品。

（2）煤矿企业为工人提供的劳动防护用品，必须符合国家或者行业标准，不得超过使用期限。

（3）煤矿企业应当督促、教育工人正确佩戴和使用劳动防护用品。

（4）煤矿工人在作业过程中，必须按照安全生产规章制度和劳动防护用品使用规则，正确佩戴和使用劳动防护用品；未按规定佩戴和使用劳动防护用品的，不得上岗作业。

（5）煤矿工人在使用劳动防护用品的过程中，要爱惜用品，防止发生不应发生的损坏。同时，使用后要及时清洗，经常保持清洁完好，防止霉蛀变质，要妥善保管好。对特殊防护用品（如绝缘用品等）一定要坚持定期复验制度，不合格、失效的一律不准使用。

第二章　矿井通风和瓦斯、粉尘及火灾防治基本知识

29. 矿井通风的作用和基本任务是什么？

1. 矿井通风的作用

煤矿井下开采存在着瓦斯及其他有害气体，存在着瓦斯煤尘爆炸、火灾、煤炭自燃等危险，严重地制约着煤矿生产安全。“一通三防”指的是加强矿井通风，防治瓦斯、防治煤尘、防治火灾。

搞好“一通三防”工作，是煤矿安全工作的重中之重，也是杜绝重大事故、实现煤矿安全状况根本好转的关键。为了创造良好的煤矿生产作业环境，对瓦斯、煤尘和火灾实现切实可行的防治，最经济、最基础的解决方法就是搞好矿井通风工作。

2. 矿井通风的基本任务

（1）将足够的新鲜空气送到井下，供给井下人员呼吸所需要的氧气。

（2）将冲淡有害气体和矿尘后的空气排出地面，以保证井下空气质量并将矿尘浓度限制在规定的安全浓度以下。

（3）新鲜空气送到井下后，调节井下工作地点的气候条件，保证井下具有满足要求的风速、温度和湿度，创造良好的作业环境。

30. 氧气（O_2）的性质有哪些？对人体健康有哪些作用？

氧气是一种无色、无味的气体，相对密度为1.11。氧气的化学性质很活泼，能与大多数元素起氧化反应。氧气能够帮助燃烧和供人、动物呼吸，是空气中不可缺少的气体。

人体维持正常生命过程的需氧量，取决于人的体质、精神状态和劳动强度等因素。一般来说，人在休息时平均需氧量为0.25 L/min；工作和行走时平均需氧量为1～3 L/min。

空气中氧气浓度对人体的健康有很大影响。空气中氧气减少，人的呼吸就会感到困难，严重时会因缺氧而死亡。当空气中氧气浓度下降到17%时，人在静止状态下尚无影响，如果从事强度较大的活动或劳动就会感到呼吸困难和心跳加速，引起喘息；当空气中氧气浓度下降到15%时，人就会失去劳动能力，不能从事劳动活动；当氧气浓度下降到10%～12%时，人就会神志不清，如果时间稍长就会对生命构成威胁；当氧气浓度下降到6%～9%时，人则会失去知觉，如果不及时进行抢救就会造成死亡。

《煤矿安全规程》规定：采掘工作面的进风流中，氧气浓度不得低于 20%。

31. 氮气（N_2）和二氧化碳（CO_2）的性质有哪些？对人体健康有哪些影响？

（1）氮气（N_2）。氮气是无色、无味的气体，不助燃，也不能供人呼吸。氮气的相对密度为 0.97。在一般情况下，氮气占空气体积的 79%。氮气本身对人体健康无害，但当空气中氮气含量过多时，就会使氧气的浓度相对减少，使人缺氧而窒息。

（2）二氧化碳（CO_2）。二氧化碳是无色、略带酸味的气体，易溶于水，不助燃，也不能供人呼吸。二氧化碳的相对密度为 1.52，多积存在通风不良的巷道底部、下山等低矮地方，对人的眼、鼻口腔黏膜有一定的刺激作用。

二氧化碳对人体健康影响较大，微量二氧化碳能促使人的呼吸加快，呼吸量增加。当二氧化碳浓度为 1%时，人的呼吸变得急促；当增至 5%时呼吸困难，伴有耳鸣和血液流动加快的感觉；当增至 10%～20%时，呼吸将处于停顿并失去知觉，时间稍长就会有生命危险；当高达 20%～25%时，人将中毒死亡。

《煤矿安全规程》规定，采掘工作面进风流中，二氧化碳浓度不超过 0.5%。矿井总回风巷或一翼回风巷中二氧化碳浓度超过 0.75%时，必须立即查明原因，进行处理。

32. 一氧化碳（CO）的性质有哪些？对人体健康有哪些影响？

一氧化碳是无色、无味的气体，相对密度为 0.97，微溶于水。在正常的温度和压力条件下，化学性质不活泼。当空气中一氧化碳浓度达到13%～75%时，能引起燃烧和爆炸。

一氧化碳毒性很强，它对人体血色素的亲和力比氧气大250～300倍，当空气中一氧化碳浓度达到0.4%时，吸入人体内的一氧化碳会很快地与血色素结合，阻碍氧气与血色素的正常结合，导致血色素吸氧能力降低，使人体各部位组织和细胞产生缺氧，引起中毒、窒息而死亡。

一氧化碳中毒的明显特点是人的嘴唇呈桃红色，两颊有斑点。

煤矿井下一氧化碳的来源主要有瓦斯、煤尘爆炸和火灾。当瓦斯爆炸发生后，空气中一氧化碳浓度高达2%～4%；当煤尘爆炸发生后，空气中一氧化碳浓度一般为2%～3%，个别可高达8%，当发生煤炭自燃和火灾事故时，空气中一氧化碳浓度上升很快。由于一氧化碳浓度过高，造成瓦斯、煤尘爆炸和火灾事故中人员大量伤亡。

《煤矿安全规程》中规定，矿井空气中一氧化碳的最高允许浓度为0.002 4%。

◎真实案例

2009年3月9日22点30分，内蒙古某煤矿井下发生一氧化碳气体中毒事故，造成6人死亡、3人受伤。

33. 矿井主要通风机停止运转时，应采取什么措施？

主要通风机停止运转时，受停风影响的地点，必须立即停止工作，切断电源，工作人员先撤到进风巷道中，由值班矿长迅速决定全矿井是否停止生产，工作人员是否全部撤出。

主要通风机停止运转期间，对由 1 台主要通风机担负全矿通风的矿井，必须打开井口防爆门和有关风门，利用自然风压进行矿井通风，对由多台主要通风机联合通风的矿井，必须正确控制风流，防止风流紊乱。

34. 矿井反风有哪几种方式?

矿井反风的方式，主要有全矿性反风、区域性反风和局部性反风三种方式。

（1）全矿性反风。实现全矿总进、回风井及采区主要进、回风巷的风流全面反风的反风方式，叫做全矿性反风。

当矿井井口附近、井筒、井底车场（包括井底车场主要硐室）和井底车场直接相通的大巷（如中央石门、运输大巷）发生火灾时应采用全矿性反风。

全矿井反风主要有以下几种方法：

1）设专用反风道反风。

2）利用备用通风机作反风道反风。

3）采取通风机反转反风。

4）调节通风机动叶安装角反风。

目前，大多数煤矿采用反风道反风和反转风机反风两种方法。

（2）区域性反风。在多进风、多回风井的矿井一翼（或某一独立通风系统）进风大巷中发生火灾时，调节 1 个或几个主要通风机的反风设施，可实行矿井部分地区内的风流反向的反风方式，叫做区域性反风。

（3）局部性反风。当采区内发生火灾时，矿井主要通风机保持正常运行，通过调整采区内预设风的开关状态，实现采区内部分巷道风流的反向，把火灾烟流直接引向回风道的反风方式，叫做局部性反风。

35. 采煤工作面专用排瓦斯巷有什么作用？采用专用排瓦斯巷有哪些安全规定？

由于采煤工作面产量越来越高，特别是综采放顶煤高产工作面有的年产 500 万吨以上，甚至 1 000 万吨，工作面瓦斯涌出量也急剧增加。但是，采用瓦斯抽放和加大通风能力的方法后，仍然不能有效解决风流中瓦斯浓度超限的要求，所以，出现了采用专用排瓦斯巷的新技术。几十年来，我国高瓦斯矿井采用通常的采煤工作面通风方式是很难达到瓦斯浓度不超标，因而应用专用排瓦斯巷的工作面越来越普遍。多年实践证明应用专用排瓦斯巷是安全的。但是，由于认识和管理的不足，也发生过与专用排瓦斯巷有关的瓦斯事故，特别是 2009 年 2 月 22 日 2 点 20 分，山西某煤矿南四采区发生特别重大瓦斯爆炸事故，造成 78 人死亡、114 人受伤（其中重伤 5 人）。事故发生后，人们对采煤工作面专用排瓦斯巷出现了一些争论意见。为了统一认识，进一步规范行为，《煤矿安全规程》第 137 条在 2004 年修改的基础上又进行了较大的修改。

（1）采煤工作面专用排瓦斯巷及其作用。采煤工作面专用排瓦斯巷指的是，在采煤工作面回风顺槽的外侧，平行于回风顺槽布置的专用巷道，它与回风顺槽每隔一定距离用联络巷连通，专门用来排放工作面及其采空区内的瓦斯。

采煤工作面的专用排瓦斯巷是治理瓦斯的有效措施。它的作用主要在以下几方面：

1）由于专用排瓦斯巷的瓦斯控制浓度较高，因而能够以较小的风量排出较高浓度的大量瓦斯。

2）由于专用排瓦斯巷处于采空区位置，能够有效地带走工作面上隅角积存的大量瓦斯。

（2）采用专用排瓦斯巷的安全规定：

1）采用专用排瓦斯巷必须具备以下基本条件：

①采煤工作面瓦斯涌出量大于或等于 20 m^3/min。

②进回风巷道净断面 8 m^2以上。

③经抽放瓦斯达到《煤矿瓦斯抽采基本指标》的要求，例如：

工作面绝对瓦斯涌量 $5 \leqslant Q < 10$ m^3/min 时，工作面抽采率 ≥20%。

工作面绝对瓦斯涌量 $10 \leqslant Q < 20$ m^3/min 时，工作面抽采率 ≥30%。

工作面绝对瓦斯涌量 $20 \leqslant Q < 40$ m^3/min 时，工作面抽采率 ≥40%。

工作面绝对瓦斯涌量 $40 \leqslant Q < 70$ m^3/min 时，工作面抽采率 ≥50%。

工作面绝对瓦斯涌量 $70 \leqslant Q < 100$ m^3/min 时，工作面抽采率≥60%。

工作面绝对瓦斯涌量 $Q\geqslant100\ m^3/min$ 时，工作面抽采率≥70%。

④风流已达允许最高风速 $4\ m^3/s$。

⑤回风巷风流中瓦斯浓度超过1.0%和二氧化碳浓度超过1.5%。

2）采用专用排瓦斯巷时，对通风方面应做到以下几方面：

①工作面风流控制必须可靠。

②专用排瓦斯巷内风速不得低于0.5 m/s。

③专用排瓦斯巷必须贯穿整个工作面推进长度且不得留有盲巷。

3）采用专用排瓦斯巷时，该巷风流中的瓦斯浓度不得超过2.5%。

4）专用排瓦斯巷的甲烷断电仪，应悬挂在距专用排瓦斯巷回风口10～15 m处。当甲烷浓度达到最高允许浓度时，能发出报警信号并切断工作面电源，工作面必须停止工作，进行处理。

5）采用专用排瓦斯巷时，在防灭火方面应做到以下几方面：

①专用排瓦斯巷禁止布置在易自燃煤层中。

②专用排瓦斯巷内必须使用不燃性材料进行支护。

③专用排瓦斯巷内应有防止产生静电、摩擦和撞击火花的安全措施。

④专用排瓦斯巷及其辅助性巷道内不得设置电气设备，以防产生电气火花。

⑤为了防止生产、维修作业过程中产生撞击火花，专用排瓦斯巷及其辅助性巷道内不得进行生产作业；进行巷道维修时，瓦

斯浓度必须低于1.0%，与《煤矿安全规程》有关规定相衔接。

6）专用排瓦斯巷必须在工作面进、回风巷道系统之外另外布置，并编制专门设计和制定专项安全技术措施；严禁将工作面回风巷作为专用排瓦斯巷管理。

7）专用排瓦斯巷的设置必须由企业主要负责人审批。

36. 如何加强局部通风机通风的安全管理?

加强局部通风机通风的安全管理是提高掘进速度、保证安全生产和实现长距离掘进通风的关键。

（1）局部通风机必须由专人负责看管，严禁任何人随意停、开。

（2）局部通风机必须安设在进风巷道中，距巷道回风口不得小于10 m，以免发生循环风。

（3）风筒无破口；吊挂平、直、稳；拐弯或变径要使用过渡节；到工作面迎头距离要符合《作业规程》规定。

（4）局部通风机应与采煤工作面分开供电或安装选择性漏电保护装置。高突矿井局部通风机应采用专用变压器、专用开关、专用线路供电。

（5）严禁使用3台以上（含3台）的局部通风机同时向1个掘进工作面供风。不得使用1台局部通风机同时向2个作业的掘进工作面供风。

（6）局部通风机必须实行风电闭锁，停风后，立即切断全部非本质安全型电气设备的电源。

（7）风筒应采用抗静电、阻燃风筒。

37. 局部通风机为什么必须实行风电闭锁?

局部通风机的风电闭锁指的是，局部通风机停止运转时，能立即自动切断局部通风机供风巷道中的一切电气设备的电源，并且在局部通风机未启动通风前，不能接通巷道中的一切电源。

当局部通风机因故停风后，掘进巷道的瓦斯得不到有效的冲淡和排出，常造成瓦斯积聚浓度超限；同时，非本质安全型电气设备，如果管理不善，容易产生电火花。电火花与达爆炸浓度的瓦斯相结合后，即发生瓦斯爆炸事故。如果停风后，能保证不接通电源，就减少了产生电火花的危险。同时停电后，工人不能在掘进巷道进行作业，也减少了其他火源的产生和控制现场无风作业。所以，实行风电闭锁，是预防瓦斯爆炸的一项重要举措。

《煤矿安全规程》中规定，使用局部通风机供风的地点必须实行风电闭锁。

《煤矿安全规程》中又规定，使用 2 台局部通风机供风的，2 台局部通风机都必须同时实现风电闭锁。

38. 高突矿井掘进工作面的局部通风机安全供电有什么规定?

《煤矿安全规程》规定，瓦斯喷出区域、高瓦斯矿井、煤（岩）与瓦斯（二氧化碳）突出矿井中，掘进工作面的局部通风机应采用三专（专用变压器、专用开关、专用线路）供电；也可采用装有选择性漏电保护装置的供电线路供电，但每天应有专人检查 1 次，保证局部通风机可靠运转。

39. 掘进巷道停风时有哪些安全规定?

掘进巷道局部通风机停风时，应符合以下几方面的规定要求：

（1）使用局部通风机通风的掘进工作面，不管掘进与否，都不得停风，以防掘进巷道中积存大量瓦斯。否则，如果有人作业，会导致人员窒息、死亡；如果是停工工作面，恢复掘进时需要排放瓦斯，带来许多不安全因素。

（2）因检修、停电等原因计划性停风的，为了确保人员身体健康和安全，必须将人员撤出；同时为了避免出现电火花引爆瓦斯，必须切断掘进巷道的一切电源。

（3）恢复通风前，必须检查瓦斯。只有在局部通风机及其开关附近 10 m 以内风流中的瓦斯浓度都不超过 0.5%时，方可人工开启局部通风机，以免引起巷道中涌出的瓦斯爆炸。

40. 有哪些情形时认定为“通风系统不完善、不可靠”?如何处理?

（1）根据国家安全生产监督管理总局和国家煤矿安全监察局制定的《煤矿重大安全生产隐患认定办法（试行）》，“通风系统不完善、不可靠的”是指有下列情形之一的：

1）矿井总风量不足的。

2）主井、回风井同时出煤的。

3）没有备用主要通风机或者两台主要通风机能力不匹配的。

4）违反规定串联通风的。

5）没有按正规设计形成通风系统的。

6）采掘工作面等主要用风地点风量不足的。

7）采区进（回）风巷未贯穿整个采区，或者虽贯穿整个采区，但一段进风，一段回风的。

8）风门、风桥、密闭等通风设施构筑质量不符合标准、设置不能满足通风安全需要的。

9）煤巷、半煤岩巷和有瓦斯涌出的岩巷的掘进工作面未装备甲烷风电闭锁装置或者甲烷断电仪和风电闭锁装置的。

（2）认定“通风系统不完善、不可靠”后，应该立即登记建档，指定专人负责跟踪监控，企业应该认真整改、排除隐患。整改完成后，由煤矿主要负责人组织自检。自检合格后，向县级以上政府煤矿安全生产监管部门提出恢复生产的申请报告。验收合格方可恢复生产。

对于存在“通风系统不完善、不可靠”的重大安全生产隐患的煤矿，仍然进行生产的，主管部门应当责令立即停产整顿，并处50万元以上200万元以下的罚款，对煤矿企业负责人处3万元以上15万元以下的罚款。对3个月内2次或者2次以上发现“通风系统不完善、不可靠”仍然进行生产的煤矿，由有关部门、机构提请有关地方人民政府关闭该煤矿，并由颁发证照的部门立即吊销矿长资格证和矿长安全资格证，该煤矿的法定代表人和矿长5年内不得再担任任何煤矿的法定代表人或者矿长。

◎真实案例

2002年6月20日9点03分，黑龙江某煤矿145采煤工作面的临时水仓，由于没有形成全风压通风的通风系统，利用局部通风机进行通风。局部通风机突然停止运转，无风状态长达42 min，造成瓦斯积聚。潜水泵插销开关失爆，启动时产生电弧引燃瓦斯，造成爆炸，导致124人死亡、24人受伤。

41.煤矿瓦斯综合治理工作体系包括哪些内容?

煤矿瓦斯综合治理工作体系包括“通风可靠、抽采达标、监控有效、管理到位”，它是煤矿瓦斯治理实践经验的概括总结，是我们对瓦斯治理规律认识的深化，是针对当前瓦斯治理存在的问题，今后一个时期治理防范瓦斯灾害的基本要求，是把瓦斯治理工作推向新水平的重要举措。为了把煤矿瓦斯治理攻坚战扎实有效地推向深入，有效治理煤矿瓦斯灾害，防范、遏制重、特大瓦斯事故，促进煤矿安全生产形势进一步稳定好转，必须着力构建“通风可靠、抽采达标、监控有效、管理到位”的煤矿瓦斯综合治理工作体系。

(1) 通风可靠。通风可靠指的是系统合理、设施完好、风量充足和风流稳定。通风是治理瓦斯的基础，因为瓦斯客观存在于煤炭采掘过程中，矿井通风系统可靠、稳定，采掘工作面有足够的新鲜风流，瓦斯不聚积、不超限，就不会发生瓦斯事故。所以，必须把矿井和采掘工作面通风作为重要的基础性工作来抓，矿井和采掘工作面必须建立可靠、稳定的通风系统。

(2) 抽采达标。抽采达标指的是多措并举、应抽尽抽、抽采平衡和效果达标。

抽采抽放是防范瓦斯事故的重要手段。因为瓦斯治理必须标本兼治，重在治本。通过抽采、抽放降低煤层中的瓦斯含量，从根本上治理、防范瓦斯灾害。所以，要加大瓦斯抽采力度，提高抽采率和利用率，努力实现抽采达标。

（3）监控有效。监控有效指的是装备齐全、数据准确、断电可靠和处置迅速。

监测监控是防范瓦斯事故的有效保障。监测监控就是利用先进的技术手段，及时掌握井下瓦斯含量和瓦斯浓度，在瓦斯超限等异常情况发生时，及时采取措施，化解风险，杜绝事故。所以，必须做到监测准确，监控有效。

（4）管理到位。管理到位指的是责任明确、制度完善、执行有力和监督严格。

管理是瓦斯治理各项措施得到落实的关键。管理不到位，再完善的系统，再正确的目标，再先进的装备也难以发挥应有的作用。特别是当前一些煤矿管理松弛，有的小煤矿无章可循、有章不循、三违严重，给瓦斯治理带来极大的危害。所以，必须做到管理到位。

42. 如何防止瓦斯积聚？

防止瓦斯积聚主要有以下四条措施：

（1）加强通风。矿井通风工作是防止瓦斯积聚的基本措施，只有做到供风稳定、连续、有效才能保证及时冲淡和排出矿井瓦斯。

（2）抽放瓦斯。瓦斯涌出量大，采用通风方法解决瓦斯问题不合理时，或采用正常通风解决瓦斯问题仍达不到要求时，应提前对瓦斯进行抽放。

（3）加强检查。要经常检查井下的通风情况和瓦斯浓度。一定按《煤矿安全规程》规定的检查次数检查瓦斯和二氧化碳浓度。严格执行《煤矿安全规程》中有关瓦斯浓度的规定，严禁空班漏检，认真、及时地填写有关日志和记录，发现问题及时汇报并积极处理。

（4）及时处理局部积聚的瓦斯。容易积聚瓦斯的地点有：采煤工作面上隅角、采空区边界、切割中的采煤机附近，顶板冒落空洞内、低风速巷道的顶部、停风的盲巷以及风筒送风达不到的掘进工作面等，发现瓦斯积聚，必须及时采取措施进行排放和处理。

43. 采掘工作面发生瓦斯爆炸的原因是什么？

瓦斯爆炸主要发生在掘进工作面，其次是采煤工作面，其主要原因是以下几方面：

（1）掘进上作面。掘进工作面的瓦斯爆炸事故约占总事故次数的80％。主要原因是：

1）掘进工作面局部通风机供风距离大，如果管理不善，漏风量大，风量不稳定、不可靠，往往造成掘进工作面迎头风量不足，不能有效地冲淡和排出瓦斯。

2）掘进工作面及其巷道内瓦斯涌出量大，如果出现停风或微风，积聚或流动的瓦斯很快就会达到爆炸界限。

3）掘进工作面大多数采用电钻打眼，装药爆破，机电设备较多且频繁移动，稍有管理不善，就可能产生引爆火源。

（2）采煤工作面：

1）采煤工作面上隅角是瓦斯容易积聚的地点，也是最容易发生瓦斯爆炸的地点。

2）采空区往往积聚大量瓦斯，特别是放顶煤开采时，高冒处的瓦斯很难排出。

3）采煤工作面需要经常爆破，加之机电设备较多，很容易造成引爆火源。

44. 为什么采煤工作面上隅角容易积聚瓦斯？

（1）采煤工作面上隅角容易积聚瓦斯的原因：

1）采煤工作面后方采空区内积存着高浓度瓦斯，上隅角是采空区漏风的出口，漏风将采空区内的瓦斯携带到上隅角，瓦斯相对密度小，采空区瓦斯沿倾斜向上移动，部分瓦斯就从上隅角附近逸散出来。

2）工作面风流在工作面回风侧直角转弯，在上隅角形成涡流，使瓦斯不容易被风流带走，因而瓦斯易于积聚。

3）工作面上隅角附近通常设置回柱绞车等机电设备，控顶宽度较大，通常要落后正常地段1～2排，形成瓦斯积聚的场所。

4）工作面上隅角附近顶板和煤帮在集中应力作用下变得比较破碎，容易冒落顶板岩石和片帮而形成空洞，在这些空洞内容易积聚瓦斯。

（2）处理采煤工作面上隅角瓦斯的方法。采煤工作面上隅角煤帮疏松，自由面增多，爆破时容易发生虚炮形成火光，回柱时由于钢丝绳摩擦易产生火花，机械设备运转产生摩擦火花，电气设备失爆产生电火花，这些都容易发生瓦斯爆炸事故的引爆火源，因此，应加强瓦斯检查工作，发现瓦斯积聚及时处理，以免发生瓦斯爆炸事故。

采煤工作面上隅角积聚瓦斯处理的方法主要有以下几种：

1）在工作面上隅角附近设置木板隔墙或帆布风障，迫使一部分风流流经工作面上隅角，将该处积存的瓦斯冲淡排出。

2）在工作面上隅角至回风道一段距离内设置移动式水力引射器，排出上隅角积存的瓦斯，水力引射器的水压一般在8～10个大气压，风量最多可达60～70 m^3/min。

3）加大采煤工作面风量或利用设在煤巷中的风筒和局部通风机加大工作面风量，并冲淡工作面上隅角的瓦斯。

4）在回风巷的采空区侧维持一段专为排放采空区瓦斯的尾巷，把工作面分成两部分，一部风清洗工作面、冲淡开采煤层涌出的瓦斯，另一部分漏入采空区，冲淡上隅角附近采空区的瓦斯，改变采空区瓦斯流向，使上隅角的瓦斯积聚点移到工作面20 m以外。

5）采空区抽放。当采空区瓦斯涌出量较大，不仅采煤工作面上隅角瓦斯经常超限，工作面采空区和回风流也受到威胁，必须采用抽放方法减少开采空间的瓦斯量。

45. 巷道排放瓦斯分为哪三级？

巷道排放瓦斯是矿井瓦斯管理的重要内容之一。局部通风机一旦意外停止运行，巷道内就会积聚大量瓦斯，随着时间的延长，积聚的瓦斯量越来越多，必须及时进行排放。《煤矿安全规程》规定了三级排放制度，并规定必须制定安全措施。

1. 三级排放制度

（1）一级排放。对于停风的独头巷道（或盲巷），如果要恢复停风，必须首先检查瓦斯。当检查瓦斯后证实停风的独头巷道中的瓦斯浓度不超过 1%和二氧化碳浓度不超过 1.5%，同时检查局部通风机及其开关地点附近 10 m 以内风流中瓦斯浓度不超过 0.5%时，可以人工开动局部通风机，直接恢复独头巷道的通风。

（2）二级排放。如果停风的独头巷道内瓦斯浓度超过 1%或二氧化碳浓度超过 1.5%，但不超过 3.0%时，由瓦斯检查员、安全员和井下电钳工等有关人员在现场，并采取专门的控制风流安全措施排除瓦斯。

1）检查局部通风机及其开关地点附近 10 m 以内风流中瓦斯浓度。

2）如果局部通风机及其开关地点附近 10 m 以内风流中瓦斯浓度都不超过 0.5%，采取控制或限量向独头巷道内送风，排除独头巷道中的瓦斯，具体做法如下：

①在局部通风机排风侧风筒上系上绳索，用收紧或放松绳索控制局部通风机的排风量，或者在局部通风机前加一节设有调节窗的三通等方法控制局部通风机的排风量。

②人工开动局部通风机向独头巷道内送入风量。

③瓦斯检查员在独头巷道回风流与全风压风流混合处经常检查瓦斯浓度，独头巷道中排出的风流在全风压风流混合处的瓦斯浓度和二氧化碳浓度都不得超过 1.5%。当瓦斯浓度达到 1.5%时，通知作业人员收紧绳索或调节风窗，减少向独头巷道的送入

风量，保持独头巷道中排出瓦斯在混合处风流中瓦斯浓度和二氧化碳浓度都不超过 1.5%。

3）在排放瓦斯时，要防止局部通风机发生循环风。

4）排放瓦斯时，独头巷道的回风系统内，必须切断电源，撤出人员，还应有矿上救护队在现场值班，发现异常及时处理。

5）排除瓦斯后，经过检查，证实整个独头巷道内风流中的瓦斯浓度不超过 1.0%、氧气浓度不低于 20%和二氧化碳浓度不超过 1.5%，经稳定 30 min 后，瓦斯浓度没有变化，才可恢复局部通风机的正常通风。

6）独头巷道恢复正常通风后，必须有电工对独头巷道中的电气设备进行检查，证实电气设备完好后，方可人工恢复局部通风机供风的巷道中的一切电气设备的电源。

（3）三级排放。如果停风的独头巷道内瓦斯浓度或二氧化碳浓度超过 3.0%时，必须制定安全排出瓦斯措施，报矿技术负责人批准。三级排放时应由矿山救护队或通风区队进行操作，矿有关领导现场值班。

2. 排放盲巷瓦斯应注意的问题

排放盲巷瓦斯时应注意如下问题：

（1）计算排放的瓦斯量、供风量和排放时间，控制供风量和瓦斯排放量，选择适宜的排放瓦斯方法，制定可靠的安全措施，严禁“一风吹”。掌握排放瓦斯各回风区间最大允许的排放瓦斯量，以便控制盲巷排出的瓦斯量，防止各回风区间瓦斯超限；确保排出的风流与全风风流汇合处的瓦斯浓度不超过 1.5%，并在排出的瓦斯与全风压风流混合处安设甲烷报警断电仪。

(2) 确定排放瓦斯的流经路线和方向、控制风流设施的位置、各种电气设备的位置、通信电话的位置、甲烷传感器的监测位置等。必须做到文、图齐全，并在图上注明，了解供电情况，检查风电闭锁装置是否良好；检查局部通风机和电气开关附近10 m内瓦斯浓度是否超过0.5%。

(3) 明确停电、撤人的范围。凡是受排放瓦斯影响的硐室、巷道和被排放瓦斯风流切断安全出口的采掘工作面，必须停电、撤人、停止作业，指定警戒人员的位置，禁止其他人员进入。

(4) 排瓦斯时，每次启动局部通风机或者是调整风量后，均应检查局部通风机是否有循环风；如有循环风，需立即停止局部通风机运转，消除循环风后再排瓦斯。

(5) 排放瓦斯风流经过的巷道内的电气设备，必须指定专人在采空变电所和配电点两处同时切断电源，并设警示牌和专人看管。

(6) 排放瓦斯必须加强领导，统一指挥，精心组织，责任落实，确保安全排放。安全监察人员在现场监督检查，发现违章，立即制止。矿山救护队员在现场值班。

◎真实案例

某年2月24日9点18分，江西某煤矿二水平东一辅助盘区219采煤工作面在排放瓦斯时发生瓦斯爆炸事故，死亡114人(其中救护队员3人)，轻伤6人。

该矿东翼变电所检漏继电器进行总开关掉闸试验，致使2107掘进巷道局部通风机掉闸后无人送电，停风11 h，使150 m盲巷积聚了约700 m^3高浓度瓦斯。2名工人进入巷道接水管，在不经任何部门或允许的情况下，没有任何排放瓦斯措施，不检查瓦斯浓度，回风侧不断电也不撤人，擅自启动局部通风机采用“一风吹”的方法任意排放瓦斯，使 2107 掘进巷道高浓度瓦斯经 2502 皮带道排入 219 采煤工作面下顺槽，此时，219 采煤工作面电工违章带电检修电钻和干式变压器的三通接线盒，由于接线盒失爆，产生电火花引起瓦斯爆炸。其中第三批救护队员深入灾区探险时，有 3 名队员口具佩戴不严，鼻夹脱落而中毒死亡。

46. 巷道瓦斯排放时有哪些安全要求?

巷道瓦斯排放时，应符合以下安全规定：

（1）排放瓦斯前，必须检查局部通风机及其开关地点附近 10 m 以内风流中的瓦斯浓度，其浓度不超过 0.5%时，方可人工开动局部通风机。

（2）排放瓦斯时，经过检查独头巷道回风流与气风压风流混合处的瓦斯浓度，当浓度达到 1.5%时，应减少供风量。

（3）排放瓦斯时，严禁局部通风机发生循环风。

（4）排放瓦斯时，独头巷道的回风系统内必须切断电源、撤出人员，禁止人员通行。

（5）二级排放瓦斯工作，必须由通风部门（或救护队）实施，安监部门现场监督，救护队现场值班。

（6）排放瓦斯后，整个独头巷道内风流中的瓦斯浓度不超过 1%、氧气浓度不低于 20%和二氧化碳浓度不超过 1.5%，且稳定 30 min 后，才可以恢复局部通风机的正常通风。

（7）两个串联工作面排放时严禁同时进行。应首先从进风方向第一台局部通风机开始。

（8）恢复正常通风后，必须由电工检查电气设备，证实完好方可人工恢复通电。

47. 抽放瓦斯的目的是什么?

为了降低矿井瓦斯浓度，从根本上治理瓦斯事故，变害为利，《煤矿安全规程》规定了必须抽放瓦斯的条件。

抽放瓦斯的目的可以从防治瓦斯和利用瓦斯两方面来理解。

（1）防治瓦斯：

1）瓦斯抽放减少了涌入开采空间的瓦斯量，预防瓦斯超限，提高矿井的安全可靠程度。

2）瓦斯抽放可以降低矿井通风费用，同时还能解决单纯利用通风稀释瓦斯的技术和经济不合理的难题。

3）开采保护层时抽放被保护层的卸压瓦斯，可减少涌入保护层工作面和采空区的卸压瓦斯量，保证保护层安全、顺利地回采；而抽放远距离被保护层的瓦斯，可以扩大保护范围与程度，并且事后在被保护层内进行掘进和回采时，瓦斯涌出量会显著减少。

4）降低煤层瓦斯压力，防止煤与瓦斯突出。

（2）开发利用瓦斯资源，变害为利。瓦斯主要有以下几个方面的用途：

1）瓦斯作为燃料，广泛地应用于民用、工业锅炉和发电厂。

2）瓦斯可作为汽车的动力。

3）瓦斯可以用来制造炭黑。炭黑不仅是橡胶工业不可缺少的增强剂，还可以用来生产油墨、油漆等。

4）瓦斯可以制取甲醛。甲醛是化工和人造纤维不可缺少的原料。

5）瓦斯、氢气和空气混合，在1 000℃的高温下可以制成氢氰酸。它是制造杀虫剂、染料、人造橡胶和人造毛的原料。

6）瓦斯还是某些药品的原料。

48. 抽放瓦斯的条件是什么?

《煤矿安全规程》规定以下三类矿井必须进行瓦斯抽放：

(1) 1个采煤工作面的瓦斯涌出量大于5 m^3/min或1个掘进工作面瓦斯涌出量大于3 m^3/min，用通风方法解决瓦斯问题不合理的。

(2) 矿井绝对瓦斯涌出量达到以下条件的：

大于或等于40 m^3/min；

年产量1.0～1.5 Mt的矿井，大于30 m^3/min；

年产量0.6～1.0 Mt的矿井，大于25 m^3/min；

年产量0.4～0.6 Mt的矿井，大于20 m^3/min；

年产量小于或等于0.4 Mt的矿井，大于15 m^3/min。

(3) 开采有煤与瓦斯突出危险煤层的。

49. 井下临时抽放瓦斯泵站应遵守哪些规定?

井下临时抽放瓦斯泵站是煤矿井下重要的作业场所，也是事关矿井安全和人身健康的关键地点。《煤矿安全规程》第147条规定，井下临时抽放瓦斯泵站应遵守以下要求。

（1）泵房必须用不燃性材料建筑，泵房和泵房周围 20 m 范围内禁止堆积易燃物和有明火。

（2）抽放瓦斯泵及其附属设备，至少应有 1 套备用。

（3）泵房必须有直通矿调度室的电话和检测管道瓦斯浓度、流量、压力等参数的仪表或自动监测系统。

（4）干式抽放瓦斯泵吸气侧管路系统中，必须装设有防回火、防回气和防爆炸作用的安全装置，并定期检查，保持性能良好。抽瓦斯泵站放空管的高度应超过泵房房顶 3 m。

（5）泵房必须有专人值班，经常检测各参数，做好记录。当抽放瓦斯泵停止运转时，必须立即向矿调度室报告。如果利用瓦斯，在瓦斯泵停止运转后和恢复运转前，必须通知使用瓦斯的单位，取得同意后，方可供应瓦斯。

（6）临时抽放瓦斯泵站应安设在抽放瓦斯地点附近的新鲜风流中。

（7）抽出的瓦斯可引排到地面、总回风巷、一翼回风巷或分区回风巷，但必须保证稀释后风流中的瓦斯浓度不超限。在建有地面永久抽放系统的矿井，临时泵站抽出的瓦斯可送至永久抽放系统的管路，但矿井抽放系统的瓦斯浓度必须符合有关规定。

（8）抽出的瓦斯排入回风巷时，在排瓦斯管路出口必须设置栅栏、悬挂警戒牌等。栅栏设置的位置是上风侧距管路出口 5 m、下风侧距管路出口 30 m 处，两栅栏间禁止任何作业。

（9）在下风侧栅栏外必须设甲烷断电仪或矿井安全监控系统的甲烷传感器，巷道风流中瓦斯浓度超限时，实现报警、断电，并进行处理。

（10）利用瓦斯时，在利用瓦斯的系统中必须装设有防回火、防回气和防爆炸作用的安全装置。采用干式抽放瓦斯设备时，抽放瓦斯浓度不得低于25%。瓦斯浓度低于30%时，不得作为燃气直接燃烧；用于内燃机发电或作其他用途时，瓦斯的利用、输送必须按有关标准的规定，并制定安全技术措施。

（11）抽放容易自燃和自燃煤层的采空区瓦斯时，必须经常检查一氧化碳浓度和气体温度等有关参数的变化，发现有自然发火征兆时，应立即采取措施。

（12）井上、下敷设的瓦斯管路，不得与带电物体接触并应有防止砸坏管路的措施。

50. 煤（岩）与瓦斯（二氧化碳）突出有哪些规律?

煤（岩）与瓦斯（二氧化碳）突出是煤矿中一种极为复杂的动力现象，是威胁煤矿安全生产的严重自然灾害之一。当突出发生时，大量的煤（岩）与瓦斯（二氧化碳）在极短的时间内，突然涌向巷道和工作面空间，毁坏巷道支架和工作面支护，掩埋机械设备和人员、使人中毒甚至引发瓦斯、煤尘爆炸，对矿井安全生产危害十分巨大。

尽管煤（岩）与瓦斯（二氧化碳）突出具有极强的随机性，但还是有规律可循的，只要我们认识这些规律，及时发现突出预兆，采取有效的措施，是可以做到控制其影响范围、减少伤亡事故的。所以，《煤矿安全规程》规定，当发现有突出预兆时，立即组织人员按照避灾路线撤出，并报告矿调度室。

煤（岩）与瓦斯（二氧化碳）突出一般有如下规律：

（1）突出发生在一定深度上，随煤层深度的增加，突出的危险性增大，即突出的次数增多，突出强度增大，突出煤层的层数增加，突出危险区域增大。

（2）突出的强度和次数，随煤层厚度（特别是软煤层厚度）增加而增多，突出最严重的煤层一般都是特厚的主采煤层。

（3）突出的主要气体是瓦斯，个别矿井突出的气体是二氧化碳。一般突出都发生在高瓦斯矿井。同一煤层中瓦斯压力越高的地方，突出危险性越大；发生突出的瓦斯压力一般都在 500 kPa 以上。

（4）突出煤层的特点是煤的强度低、变化大、透气性差，瓦斯放散度高、湿度小、层里紊乱、地质破坏大。

（5）由于煤的自重影响，向上方向掘进巷道时突出较多，向下方向掘进巷道突出较小，突出次数随煤层倾角的增大而增加。

（6）突出危险区呈带状分布，如向斜轴部地区、向斜轴与断层或褶曲交会地区，火成岩侵入形成的变质煤或非变质煤交混地区等地质构造附近。

（7）绝大多数突出发生在落煤时，尤其是在爆破时。

（8）突出危险性随硬而厚的顶板存在而增大。

（9）大多数突出之前都有预兆。

煤与瓦斯突出分有声预兆和无声预兆两种。

（1）煤与瓦斯突出的有声预兆：

1）煤炮（指的是深部岩层或煤层的劈裂声）响声。

2）支架变形（如支柱、顶梁折断或位移）发出的声音。

3）煤（岩）开裂、片帮、掉矸或底鼓发出的响声。

4）瓦斯涌出异常，打钻喷瓦斯、喷煤，出现响声、风声和蜂鸣声。

5）气体穿过含水裂隙的“嘶嘶”声。

（2）煤与瓦斯突出的无声预兆：

1）煤层结构变化，层理紊乱、煤层变软、煤层厚度变大、倾角变陡、煤层由湿变干、光泽暗淡。

2）煤层构造变化，挤压褶曲，波状起伏，顶、底板阶梯凸起，出现新断层。

3）瓦斯涌出量变化、瓦斯浓度忽大忽小、煤尘增大、气温变冷、气味异常。

◎真实案例

2009年12月28日1点50分，云南某煤矿工人罗××等2人在井口值班过程中发现安全检测监控系统报警，遂对井口进行查看，当时井口出现黑烟。立即到井下探查，发现瓦斯超限，便及时向矿井领导报告。经该矿技术人员下井查看，初步认定为大巷掘进迎头发生煤与瓦斯突出，矸石与煤从迎头堆积到总回风巷约300 m。发生事故的矿井受瓦斯突出影响，矿井内煤层、煤矸石等出现垮塌，造成井下大巷迎头的6名矿工、二平巷的5名矿工在井内下落不明。

51.“四位一体”综合防突措施是什么？

目前，我国煤矿重、特大瓦斯事故仍时有发生，其中煤与瓦斯突出事故多发，在瓦斯事故中所占比例逐年上升，已成为影响煤矿安全形势持续好转的主要灾害事故。2008年全国煤矿共发生重、特大突出事故 10 起，占重、特大瓦斯事故起数的 55.6%，重、特大突出事故死亡 172 人，占重、特大瓦斯事故死亡人数的 48.9%；在较大以上瓦斯事故中，突出事故起数所占比重为 43.4%、死亡人数所占比重为 46.8%。严格规范煤与瓦斯突出防治是当前煤矿安全生产工作的一项紧迫的任务。

《煤矿安全规程》规定，突出矿井在编制年度、季度、月度生产建设计划的同时，必须编制防治突出措施计划。同时，又明确规定开采突出煤层时，必须采取突出危险性预测、防治突出措施、防治突出措施的效果检验和安全防护措施等综合防突措施，这就是人们通常所说的“四位一体”综合防突措施。

1. 突出危险性预测

通过对煤与瓦斯突出危险性进行预测，根据突出危险性预测结果和对突出危险程度的划分，指导选择应采取的不同防突措施，可以使防突措施具有科学性、可靠性和合理性。所以，对煤与瓦斯突出危险性进行预测是“四位一体”综合防突措施的第一个环节。

（1）区域突出危险性预测：

1）区域预测一般根据煤层瓦斯参数结合瓦斯地质分析的方法进行，也可以采用其他经试验证实有效的方法。

2）根据煤层瓦斯压力或者瓦斯含量进行区域预测的临界值应当由具有突出危险性鉴定资质的单位进行试验考察。在试验前和应用前应当由煤矿企业技术负责人批准。

3）区域预测新方法的研究试验应当由具有突出危险性鉴定资质的单位进行，并在试验前由煤矿企业技术负责人批准。

（2）工作面突出危险性预测：

1）应针对各煤层发生煤与瓦斯突出的特点和条件试验确定工作面预测的敏感指标和临界值，并作为判断工作面突出危险性的主要依据。试验应当由具有突出危险性鉴定资质的单位进行，在试验前和应用前应当由煤矿企业技术负责人批准。

2）石门、立井和斜井揭煤工作面的突出危险性预测应当选用综合指标法、钻屑瓦斯解吸指标法或其他经实践证实有效的方法进行。

3）煤巷掘进工作面的突出危险性预测应当选用钻屑指标法、复合指标法、R值指标法或其他经实践证实有效的方法进行。

2. 防治突出措施

（1）区域防治突出措施。区域防治突出措施指的是，在突出煤层进行采掘前，对突出煤层进行较大范围采取防突措施。

1）开采保护层。开采保护层包括上开采保护层和下开采保护层两种方式。

2）预抽煤层瓦斯。预抽煤层瓦斯包括地面井预抽煤层瓦斯以及井下穿（顺）层钻孔预抽煤层瓦斯两种方式。

（2）工作面防治突出措施。工作面防治突出措施指的是，针对经工作面突出危险性预测尚有突出危险的工作面实施的防突措施。

石门、立井和斜井揭煤工作面的防突措施包括预抽瓦斯、排放钻孔、水力冲孔、金属骨架、煤体固化、煤体注水或其他经实践证实有效的措施。

3. 防治突出措施的效果检验

采取防治突出措施后，还要进行措施的效果检验，经检验证实措施有效后，方可采取安全防护措施进行作业；如果经检验证实措施无效，则必须采取防治突出补充措施并经检验证实措施有效后，方可采取安全防护措施进行作业。

（1）区域防治突出措施效果检验：

1）开采保护层效果检验主要采用残余瓦斯压力、残余瓦斯含量、顶底板位移量及其他经实践证实有效的指标和方法，也可以结合煤层的透气性系数变化率等辅助指标。

2）预抽煤层瓦斯效果检验应当以预抽区域的煤层残余瓦斯压力或残余瓦斯含量为主要指标及其他经实践证实有效的指标和方法。

（2）工作面防治突出措施效果检验：

1）检验所实施的工作面防治突出措施是否达到了设计要求和满足有关的规章、标准等，并了解、收集工作面及实施措施的相关情况、突出预兆（包括喷孔、卡钻）等，作为措施效果检验报告的内容之一，用于综合分析、判断。

2）各检验指标的测定情况及主要数据。

4. 安全防护措施

由于煤与瓦斯突出的原因至今仍未清楚掌握，防止突出措施也很难完全彻底地有效预防突出的发生。所以，必须具有一整套完善的安全防护措施，在一旦发生突出后，能够保证现场作业人员的生命安全。安全防护措施是“四位一体”综合防突措施的最后一个环节。

安全防护措施主要包括远距离爆破、避难硐室、反向风门、设置挡栏、压风自救系统和自救器等。

52. 开采保护层的作用是什么？

开采保护层是最有效、最可靠的防突措施。所以，《煤矿安全规程》规定，对于有突出危险煤层，应采取开采保护层区域性防突措施。

开采保护层的作用如下：

（1）缓和与降低了地应力。保护层被开采后，由于形成了开采空间，岩石移动，使煤层的紧张状态得到缓和，弹性潜能得到缓慢释放，地应力减小了。

（2）由于卸压和岩石移动，使煤层发生膨胀变形产生裂隙，煤层透气性增加，瓦斯流动阻力减小，吸附的瓦斯大量解吸、排出，煤层中的瓦斯压力得以降低。

（3）增加了被保护煤层的机械强度。根据测定，开采保护层后，被保护层煤的硬度一般比原来的增加3倍左右。

53. 突出煤层采掘有哪些安全防护措施？

煤与瓦斯突出既有危险性，又有突发性，目前在很大程度上具有不可知性，所以，要预防和预知它的产生还是难以实现的。在目前技术条件下，要防止突出事故带来的人员伤亡，首先要弄清它发生的地区、范围，再采取必要的可行防治措施，以使其不突然发生，降低突出强度，保证作业人员的安全，必须采取“四位一体”综合防突措施。

井巷揭穿突出煤层和在突出煤层中进行采掘作业主要有以下

五种安全防护措施：

1. 远距离爆破

在井巷揭穿突出煤层和在突出煤层中进行放炮作业时，必须采用远距离爆破。

石门揭穿突出煤层远距离爆破时，必须制定专项安全技术措施，包括：

（1）爆破地点、避灾路线及停电、撤人和警戒范围等。

（2）在尚未构成全风压通风的矿井，石门揭穿突出煤层远距离爆破时，井下全部人员必须撤至地面，井下必须全部断电，立井口附近地面 20 m 范围内或斜井口前方 50 m、两侧 20 m 范围内严禁火源。

（3）远距离爆破的操纵地点应设在进风侧反向风门之外的全风压通风的新鲜风流中或避难硐室内，煤巷掘进工作面爆破地点距工作面的距离根据现场实际情况而定，但不得小于 300 m。采煤工作面爆破地点距工作面的距离根据现场实际情况而定，但不得小于 100 m。

（4）远距离爆破时，回风系统的采掘工作面以及有人作业的地点，都必须停电撤人。

（5）放炮 30 min 后，方可进入工作面检查，具体时间根据现场实际情况而定。

（6）禁止采取震动爆破。震动爆破的实质是一种诱导突出的措施，在以往作为一种安全防护措施加以采用。经实践经验证明，在井巷揭穿突出煤层和在突出煤层中进行采掘作业过程时，采取震动爆破，往往由于炸药的巨大能量改变工作面附近的煤岩体中应力的状态而引起煤与瓦斯突出，甚至造成人员伤亡，这些教训是沉重的。所以，《煤矿安全规程》在修改时删去了这一条措施。

但是，由于薄煤层一般瓦斯含量较小，即使发生突出，强度也不大。所以《煤矿安全规程》规定，在厚度小于 0.3 m 的突出煤层，可采用震动爆破揭穿。震动爆破必须有独立的回风系统；其进风侧应设置两道坚固反向风门；回风系统严禁人员通行或作业；如果震动爆破未能一次揭穿煤层，在掘进剩余部分时，仍必须采取预防突出措施。

2. 避难硐室

避难硐是井下紧急避险设施之一，分为永久避难硐和临时避难硐室。

永久避难硐室指的是设置在井底车场、水平、采区（盘区）避灾路线上，具有紧急避险功能的井下专用巷道硐室，服务于整个矿井、水平和采区，服务年限一般不低于 5 年。临时避难硐室指的是设置在采掘区域或采区（盘区）避灾路线上，具有紧急避险功能的井下专用巷道硐室，服务于采掘工作面及其附近区域，服务年限一般不大于 5 年。

临时避难硐室应设两道向外开启的隔离门，室内净高不得低于 1.85 m，长度和宽度应根据同时避难的最多人数确定，但至少能满足 10 人避难，且每人占用面积不得少于 0.9 m^2。避难硐室内支护必须保护良好，并设有与矿（井）调度室直通的电话。

避难硐室内应放置食品、饮用水、安设供给空气的设施，每人供风量不得少于 0.5 m^2/min。如果用压缩空气供风时，应有减压装置和带有阀门控制的呼吸嘴。在无任何外界支持的情况下额定防护时间不低于 96 h。

避难所内应根据避难最多人数配备足够数量的隔离式自救器，有效防护时间不低于 45 min。

煤与瓦斯突出矿井应建设采区避难硐室。突出煤层的掘进巷道和采煤工作面推进长度超过 500 m 时，应在距离 500 m 范围内建设临时避难硐室或设置可移动式救生舱。

3. 反向风门

在石门揭穿突出煤层和煤巷掘进工作面进风侧，必须设置至少 2 道牢固可靠的反向风门。

（1）2 道反向风门之间的距离不得小于 4 m。

（2）反向风门距工作面回风巷不得小于 10 m，与工作面的最近距离一般不得小于 70 m，如小于 70 m 应设置至少 3 道反向风门。

（3）反向风门墙垛掏槽深度岩巷不得小于 0.2 m，煤巷不得小于 0.5 m。

（4）通过反向风门墙垛的风筒、水沟和刮板输送机等，必须设有逆向隔断装置。

（5）人员进入工作面时必须把反向风门打开、顶牢。工作面爆破和无人时，反向风门必须关闭。

4. 设置挡栏

石门揭开煤层时，为了降低突出强度，减小突出对矿井安全生产的危害，应采用设置挡栏的措施。挡柱距工作面距离应根据预计的突出强度在设计中确定。

5. 压风自救系统

（1）压风自救系统安设在井下采掘工作面巷道的压缩空气管道上。

（2）压风自救系统应设置在距采掘工作面 25～40 m 的巷道内、爆破地点、撤离人员与警戒人员所在位置以及回风巷有人作业处。在长距离的掘进巷道中，应每隔 50 m 设置一组压风自救系统。

每组压风自救系统一般可供 5～8 个人使用，压缩空气供给量平均每人不得少于 0.3 m^3/min。

6. 自救器

突出矿井入井人员必须携带隔离式自救器。

54. 矿尘有哪些危害？

矿尘对人体健康和矿井安全存在着严重危害，主要表现在以下几方面：

1. 对人体健康的危害

长期吸入大量的矿尘，轻者引起呼吸道炎症，重者导致尘肺病。同时，皮肤沾染矿尘，阻塞毛孔，能引起皮肤病或发炎，矿尘还会刺激眼膜。

2. 煤尘爆炸

煤尘在一定条件下可以爆炸，煤尘爆炸是煤矿五大灾害之一。对于瓦斯矿井，发生瓦斯爆炸时煤尘也有可能同时参与爆炸，使爆炸破坏程度加剧。

3. 污染作业环境

矿尘增大，会降低作业场所和巷道能见度，不仅影响劳动效率，还容易导致误操作、误判断，往往造成作业人员伤亡。

4. 对机械设备的危害

矿尘能加速机械磨损，缩短使用寿命，增加人员对设备的维修工作量。

◎真实案例

某年5月9日13点45分，山西某煤矿煤尘积存非常严重，14号井翻笼附近3 m处由于煤尘飞扬几乎看不见人，100 W灯泡就像一个小红点。电机车通过该翻笼时因为运行不稳，接电弓与架空线接触不良发生强烈电火花，引爆了煤尘。当时井下共有职工912人，经过6昼夜抢救，除228人脱险外，其余684名职工遇难（包括未出井者110人）。其中有矿级领导3人，科级干部16人，整个煤矿惨遭破坏，造成了极其严重的损失。

55. 煤尘爆炸条件是什么?

煤尘必须同时具备以下三个条件才能发生爆炸，缺一不可。

1. 具有能够爆炸的煤尘悬浮浓度

煤尘本身有的具有爆炸性，有的不具有爆炸性。一般认为煤的挥发分大于10%时，基本上属于爆炸性煤尘。爆炸性煤尘根据其爆炸指数的大小来判定爆炸程度的强弱。煤尘本身是否具有爆炸性必须经由国家授权单位进行鉴定。

具有爆炸性的煤尘只有在空气中呈悬浮状态，并且浓度达到45～2 000 g/m^3 时才能发生爆炸。爆炸威力最强时煤尘浓度为300～400 g/m^3。

井下空气中如果有瓦斯和煤尘同时存在，可以相互降低两者的爆炸下限，从而增加瓦斯、煤尘爆炸的危险性。

2. 具有点燃引爆煤尘的高温热源

煤尘引爆温度因煤尘性质及所处条件不同变化较大，在正常情况下，煤尘爆炸时的引爆温度为 610～1 050℃，一般为 700～800℃。其引爆火源种类同瓦斯引爆火源种类，在井下作业地点很容易产生。

3. 具有浓度大于 18%的氧气

煤尘爆炸时空气中氧浓度必须大于 18%。但是，即使小于 18%，也不能完全防止瓦斯和煤尘在空气中混合物的爆炸。

◎真实案例

2005 年 11 月 27 日 21 点 22 分，黑龙江某煤矿发生一起特大煤尘爆炸事故，造成 171 人死亡、重伤 8 人、轻伤 40 人，直接经济损失 4 293.1 万元。

56. 煤尘爆炸有哪些危害?

煤尘爆炸的危害与瓦斯爆炸相同，只是程度不一样，主要表现在以下三个方面：

1. 产生高温

煤尘爆炸产生的气体温度高达 2 300～2 500℃，爆炸火焰最大传播速度为 1 800 m/s。

2. 产生高压

煤尘爆炸的理论压力为 735.5 kPa。高压产生巨大冲击波（分正向冲击和反向冲击两种），冲击波速度为 2 340 m/s。

3. 形成大量有害气体

煤尘爆炸后形成大量的二氧化碳和一氧化碳，一氧化碳浓度一般为2%～3%，个别可高达8%，它是造成人员大量伤亡的重要原因。

◎真实案例

1991年4月21日16点05分，山西某煤矿因工作面停风造成瓦斯积聚，工人打眼试钻产生电火花引起瓦斯爆炸，冲击波扬起全矿巷道积尘，从而造成全矿井矿尘连续爆炸。这次瓦斯、煤尘爆炸事故毁坏530 m巷道，井下通风设施全部摧毁，摧毁平硐口4 m，摧垮附近房屋3.5间，致使四点班井下138人和八点班未出井的5人和四点班正准备入井的4人，共计147人全部遇难，另有地面2人重伤、4人轻伤。

57. 如何降低矿井产尘量?

煤矿井下生产过程中减少煤尘产生量和避免煤尘飞扬，是防止煤尘爆炸的根本途径。降尘措施主要有以下几方面：

1. 煤层注水

在回采前向煤层打眼注水，通过压力水将煤体预先湿润，以减少开采时产生煤尘。

2. 湿式打眼

使用水电钻打煤眼，以湿润眼内煤尘。

3. 喷雾洒水

对井下集中产尘点进行喷雾洒水，有效地捕获浮尘和湿润落尘。

4. 通风除尘

通风可以稀释和排除作业地点浮尘，防止过量落尘。除尘的关键是控制合理的风速。

5. 净化风流

使井巷中含尘空气通过水幕等设施、设备，将矿尘捕获，减少浮尘。

6. 水封爆破

使用专用水炮泥封堵炮眼，爆破时水的汽化可以降尘。

7. 清除落尘

在清除落尘时应使用水冲刷或将落尘湿润后再扫除，切忌用笤帚干扫。

58. 为什么要定期清除积尘?

在煤矿开采过程中，会产生大量煤尘，即使防尘措施做得再好，也难以将煤尘全部带走，有一定量的煤尘要沉积在巷道四周、支架和设备器材上，形成积尘，这些积尘一旦受到某种外力冲击，如发生爆炸、冲击地压、爆破、人员行走或风量突然加大等就会重新飞扬起来，给煤尘爆炸提供了尘源。所以，积尘是煤尘爆炸的重大隐患，必须采取积极措施进行清除。

◎真实案例

1999 年 8 月 24 日 17 点，河南某煤矿由于经营十分困难拖欠电费，区供电有限公司采取强行停电 10 min，导致全矿井停风，采空区内积存的大量高浓度瓦斯涌出，遇到 2504 火区明火，引起瓦斯爆炸；瓦斯爆炸冲击波荡起巷道沉积的煤尘，继而引起煤尘爆炸。据调查，事故发生时明显受到二次冲击波伤害，现场多处出现结焦物。

59. 煤矿尘肺病分哪几种?

矿工长期、过量地吸入细微粉尘而引起的以肺组织纤维化为主要症状的职业病叫做尘肺病。尘肺病按致病粉尘岩性可分以下3种：

1. 矽肺病

长期过量地吸入含结晶型游离二氧化硅的岩尘可引起矽肺病。

矿工在高浓度的岩尘空气中工作，如果防护不好，一般平均5～10年就会得矽肺病，有的短至2～3年就会得病。

2. 煤肺病

长期过量地吸入煤尘所引起的尘肺病叫做煤肺病。

煤肺病比矽肺病缓和些，且得病的年限较长，但最终也能使矿工丧失劳动能力。在高浓度的煤尘空气中工作，如果防护不好，一般10～15年可得煤肺病。

3. 煤矽肺病

长期过量地接触煤尘又接触矽尘的矿工，可能得煤矽肺病。煤矽肺病的病情和得病年限比煤肺病严重得多，兼有煤肺病和矽肺病的特点。

60. 有哪些措施防止瓦斯、煤尘爆炸灾害扩大?

瓦斯爆炸的突发性、瞬时性，使得在爆炸发生时难以进行救治。因此，防止灾害扩大的措施应该集中在灾害发生前的预备设施和灾害发生时的快速反应。具体的措施有隔爆、阻爆两个方面，即分区通风和利用爆炸产生的高温、冲击波设置自动阻爆装置。灾害预防处理计划的制订对快速、有效的救灾也具有十分重要的意义。

1. 分区通风

分区通风是防止灾害蔓延扩大的有效措施。利用矿井开拓开采的分区布置，在各个采区之间、不同生产水平之间、矿井两翼之间自然分割（保护煤柱等）的基础上，布置必要的防止爆炸传播的设施，可以实现井下灾害的分区管理。这样，使某一区域发生的灾害难以传播到相邻的区域，从而简化救灾抢险工作，防止灾害的扩大。

2. 隔爆、阻爆装置

当瓦斯爆炸发生后，依靠预先设置的隔爆装置可以阻止爆炸的传播，或减弱爆炸的强度、减小爆炸的燃烧温度，以破坏其传播的条件，尽可能地限制火焰的传播范围。

（1）岩粉阻隔爆炸的蔓延。岩粉是不燃性细散粉尘，定期将岩粉撒布在积存煤尘的工作面和巷道中，可以阻碍煤尘爆炸的发生和瓦斯、煤尘爆炸的传播。撒布的岩粉要求与煤尘混合，长度不少于 300 m，使不燃物含量大于 80%。岩粉棚是安装在巷道靠近顶板处的若干组台板，每块台板上存放大量岩粉。发生爆炸时，冲击波将台板摧垮使岩粉弥漫于巷道中，吸收爆炸火焰的热量及惰化空气，阻碍爆炸的传播。

（2）用水预防和阻隔爆炸。在巷道中架设水棚的作用与岩粉棚的作用相同，只是用水槽或水袋代替岩粉板棚。要求每个水槽的容量为40～75 L，总水量按巷道断面计算不低于400 L/m^2，水棚长度不小于30 m。岩粉的缺点是易受潮结块，需要经常更换，成本较高，国内外现在都广泛使用水代替岩粉隔爆。水的比热比岩粉高5倍，汽化时吸热并能降低氧气的浓度，在爆炸的作用下比岩粉飞散快，隔爆效果较好。

（3）自动式防爆棚。使用压力或温度传感器，在爆炸发生时探测爆炸波的传播，及时将预先放置的水、岩粉、氮气、二氧化碳、磷酸钙等喷洒到巷道中，从而达到自动、准确、可靠地扑灭爆炸火焰，防止爆炸蔓延的目的。常用的有自动水幕等。

3. 编制矿井灾害预防和处理计划

《煤矿安全规程》规定："煤矿企业必须编制年度灾害预防和处理计划，并根据具体情况及时修改。灾害预防和处理计划由矿长负责组织实施。煤矿企业每年必须至少组织1次矿井救灾演习。"针对可能发生的井下灾害，预先编制处理计划，是防止灾害扩大、及时抢险救灾的主要方法。

矿井灾害预防和处理计划针对煤矿易发生的各类事故，提出事故预防方案、措施和对事故出现的影响范围、程度的分析、事故处理的相关措施和人员的疏散计划。具体内容包括以下几方面：

（1）矿井可能发生灾害事故地点的自然条件、生产环境和预防的事故性质、原因和预兆。

（2）预防可能发生的各种灾害事故的技术措施和组织措施。

（3）实施预防措施的单位和负责人。

（4）安全、迅速撤离人员的措施。

（5）矿井发生灾害事故时的处理方法和措施。

（6）处理灾害事故时的人员组织和分工。

（7）有关矿井技术资料和图纸。

61. 矿井火灾有哪些特点?

煤矿井下火灾比地面火灾危害更大。除了与地面火灾一样烧伤人员、烧毁设备和煤炭资源以外，还具有以下特点：

（1）由于煤矿井下空间有限，发生火灾时井下人员难以躲避，机械设备难以搬移，煤炭资源固定不动，因而造成的人员伤亡和国家财产、资源损失较一般地面火灾更为严重。

（2）由于煤矿井下巷道空气有限，发生火灾时往往因缺氧产生二氧化碳和一氧化碳。这些有害气体很难冲淡和排除，蔓延时间长，波及范围大，受害面广。在火灾造成的高温气流所经过的巷道中，会使人员中毒死亡。

（3）井下火灾，特别是内因火灾，很难及早发现，也不易找到火源的准确地点，有时发火点还难以接近。灭火救灾困难，火灾延续时间长，有的延续几个月甚至若干年，难以扑灭。

（4）井下发生的火灾，还可能成为引发瓦斯和煤尘爆炸的火源。一旦引起瓦斯、煤尘爆炸事故，其后果更加惨重。用水灭火时还可能引发水煤气爆炸，使矿井灾害增大。

（5）发生在井下倾斜巷道的火灾，还可能产生局部火风压造成风流逆转，使火焰和高温烟雾出现在发火点的进风侧或一些旁侧风流中，使灾情扩大，给救灾工作造成困难和危险。

(6) 矿井火灾会烧毁矿井通风设施，使矿井通风系统紊乱，造成瓦斯积聚超限；火灾还会烧毁电气设备和电缆，造成提升和排水中断、通风停止，影响矿井安全生产和工人生命安全。

(7) 矿井火灾有时需要封闭火区处理，将会冻结煤炭的可采储量，严重影响矿井、采区的正常生产秩序。恢复生产时，需要启封火区。启封火区非常困难且危险性相当大。

62. 矿井火灾分为哪几类?

矿井火灾是指发生在矿井井下各处的火灾以及发生在井口附近的地面火灾。矿井火灾是煤矿五大自然灾害之一，对煤矿安全生产威胁极大。

(1) 外因火灾，它是指由于外来热源引起的火灾。如：

1) 明火：吸烟、使用电炉或大功率灯泡及电焊、气焊等。

2) 违章爆破：明火、动力线爆破、炮泥不足或炸药变质。

3) 机械摩擦或撞击：带式输送机托辊过热、采掘机械截割夹石及顶板等。

4) 电气设备失爆、电路短路及漏电。

5) 瓦斯、煤尘爆炸。

◎真实案例

某年3月16日16点58分，辽宁某煤矿因矿井西部－280 m水平水泵房高压配电室二号电容器爆炸，发生火灾事故。可燃物猛烈燃烧产生大量烟流、杂物和有害气体蹿入采区，致使采区内作业人员被熏倒、窒息和一氧化碳中毒，共计死亡110人，重伤6人，轻伤25人。事故中烧毁电缆1万米，机电设备170台件，火药 3 t，雷管 10 万发，封闭采煤工作面 420 m，绞车道 2 条，回风道 2 条。

（2）内因火灾，是指煤由于自身发生物理、化学变化而自燃引起的火灾。内因火灾主要发生在采空区。

◎真实案例

某年 4 月 27 日 2 点，湖北某煤矿竖井－90 m 煤巷在开凿与老火区贯通的立眼时，没有制定启封火区安全技术措施，煤层自然发火，引起老火区塌落。在立井出现煤油味进而冒烟的情况下，为了降温，错误地开动了主要通风机，使矿井风量骤增，助长了火势。后又在没有撤人的情况下盲目停止主要通风机，使井下风量骤减，风流紊乱，造成一氧化碳中毒死亡 35 人、轻伤 12 人的恶劣后果，同时报废巷道 350 m，投产时间推迟 10 个月。

63. 煤炭自燃有哪几个发展阶段？

煤炭自燃的发生，一般要经过以下 3 个发展阶段：

1. 低温度氧化阶段（潜伏期）

煤在常温下能吸附空气中的氧，在煤的表面生成一些不稳定的初级氧化物，其氧化放热量很少，煤的温度不会升高，但内部却在发生质的变化。在煤的潜伏期内表现出煤的重量略有增加，化学活性增强，着火温度降低。

2. 自热阶段（自热期）

经过低温氧化阶段，煤被活化，煤的氧化速度加快，氧化放热量增大，煤温逐渐升高，此阶段叫做自热阶段。在煤的自热期内空气中的氧含量减少，一氧化碳和二氧化碳含量增加，当达到临界值温度（60～80℃）时，开始出现特殊的火灾气味，如煤油味、焦油味等。

3. 自燃阶段（自燃期）

燃烧阶段是煤从低温氧化发展到自燃的最后阶段。在煤的自燃期内空气中的氧含量显著减少，二氧化碳含量剧增，并产生更多的二氧化碳，在巷道内出现浓烈烟雾，有时还出现明火现象。

64. 如何确定自然发火隐患?

凡井下出现以下现象之一时，即确定为自然发火隐患。

（1）采空区或井巷风流中出现一氧化碳，其发生量呈上升趋势，但未达到自然发火临界指标。

（2）风流中出现二氧化碳，其发生量呈上升趋势，但尚未达到自然发火临界指标。

（3）煤炭、围岩、空气及水的温度升高，并超过正常温度，但尚未达到70℃。

（4）风流中氧浓度降低，且呈下降趋势。

65. 煤的自燃倾向性划分为哪几级?

煤的自燃倾向性是用来区分和衡量不同煤层发火危险程度的一项重要指标，也是对矿井煤层自然发火采取不同的针对性措施进行有效管理的主要依据。

目前，我国煤矿采取以每克干煤在常温（30℃）常压（1.013 3×10^5 Pa）条件下的吸氧量作为煤的自燃倾向性分级主要指标，将煤的自燃倾向性划分为以下三级：

(1) 自燃等级Ⅰ级：自燃倾向性为容易自燃。常温常压条件下高硫煤、无烟煤的吸氧量大于或等于 1.00 $cm^3/g_{干煤}$，褐煤、烟煤类大于或等于 0.71 $cm^3/g_{干煤}$。含硫大于 2.00%。

(2) 自燃等级Ⅱ级：自燃倾向性为自燃。常温常压条件下高硫煤、无烟煤的吸氧量大于或等于 0.81 $cm^3/g_{干煤}$，小于 1.00 $cm^3/g_{干煤}$，褐煤、烟煤类为 0.41～0.70 $cm^3/g_{干煤}$。含硫大于或等于 2.00%。

(3) 自燃等级Ⅲ级：自燃倾向性为不易自燃。常温常压条件下，高硫煤、无烟煤的吸氧量小于或等于 0.80 $cm^3/g_{干煤}$，褐煤、烟煤类小于或等于 0.40 $cm^3/g_{干煤}$。含硫小于 2.00%。

煤的自燃倾向性鉴定单位必须是国家授权单位。鉴定结果报省（自治区、直辖市）负责煤炭行业管理部门备案。

66. 有哪些情形时认定为“自然发火严重，未采取有效措施”？

自然发火危险矿井几乎在所有矿区都存在，因自燃破坏的煤炭资源，每年造成的经济损失达数十亿元。仅 1999 年全国共有 87 个大中型矿井因自然发火封闭火区 315 处，不但造成了严重的煤炭资源浪费，打乱了正常的生产衔接计划，还威胁着井下作业人员的人身安全。

但是，煤自然发火与外因火灾相比，具有发生、发展缓慢，并有规律的演变过程，既可以采取有效措施及时发现它的存在，又可以采取有效措施及时中断它的形成和防止它的扩大。所以，自然发火严重必须采取有效措施。

根据国家安全生产监督管理总局、国家煤矿安全监察局制定的《煤矿重大安全生产隐患认定办法（试行）》，有下列情形之一的，都认定为“自然发火严重，未采取有效措施”：

（1）开采容易自燃和自燃的煤层时，未编制防止自然发火设计或未按设计组织生产的。

（2）高瓦斯矿井采用放顶煤采煤法采取措施后仍不能有效防治煤层自然发火的。

（3）开采容易自燃和自燃煤层的矿井，未选定自然发火观测站或者观测点位置并建立监测系统、未建立自然发火预测预报制度，未按规定采取预防性灌浆或者全部充填、注惰性气体等措施的。

（4）有自然发火征兆没有采取相应的安全防范措施并继续生产的。

（5）开采容易自燃煤层未设置采区专用回风巷的。

67. 放顶煤开采容易自燃和自燃的厚及特厚煤层为什么容易自然发火?

采用放顶煤开采厚及特厚煤层时，主要受以下因素影响，容易发生自然发火：

（1）由于回采率较低，采空区内遗煤较多，为自然发火提供了大量的可燃性碎煤。

（2）由于放顶煤开采造成工作面顶板活动加剧，顶板冒落带高度增大，采空区往往不能及时冒落严密，为采空区漏风提供了条件。

（3）放顶煤开采比其他采煤方法推进速度慢，不能使采空区氧化自燃带很快甩入窒息带；同时，放顶煤开采采空区空间大，区内空气流动较慢，为采空区氧化自燃提供了良好的蓄热环境。

所以，《煤矿安全规程》规定，采用放顶煤采煤法开采容易自燃和自燃的厚及特厚煤层时，必须编制防止采空区自然发火的设计。

68. 人体如何感觉煤炭自燃?

人体感觉煤炭自燃的方法有以下几方面：

1. 视力感觉

煤炭从氧化到自燃初期生成水分，往往使巷道内温度增加，出现雾气或在巷壁挂有平行水珠；浅部开采时，冬季在地面钻孔中或塌陷区内发现冒出水蒸气或冰雪融化的现象；井下两股温度不同的风流汇合处还可能出现雾气。

2. 气味感觉

煤炭从自热到自燃过程中，氧气产物内有多种碳氢化合物，并产生煤油味、汽油味、松节油味或焦油味等气味。现场经验证明，当人们嗅到焦油味时，煤炭自燃就已经发展到一定程度了。

3. 温度感觉

煤炭从氧化到自燃过程中要放出热量，因此从该处流出的水和逸散的空气温度要比平常高，煤壁温度也比其他地点煤壁温度高。

4. 疲劳感觉

煤炭氧化、自热和自燃都会释放出二氧化碳和一氧化碳等气体，这些有害气体会使人感到头痛、闷热、精神不振、不舒服，产生疲劳感觉，特别是群体发生以上感觉时更说明煤炭已经发生自燃。

69. 当井下发现火灾时应注意哪些安全事项?

当井下发现火灾时，应注意以下安全事项：

（1）任何人发现井下火灾时，都应根据火灾性质、灾区通风和瓦斯情况，立即采取一切可能的方法进行直接灭火，以控制火势。

（2）迅速报告矿调度室。

（3）矿调度室或现场区队、班组长应根据“矿井灾害预防和处理计划”中的有关规定，将所有可能受火灾威胁地区的人员撤离，并组织人员进行灭火救援。

（4）当电气设备着火时，应首先切断其电源，在切断电源前，只准使用不导电的灭火器材进行灭火。

（5）在抢救人员和灭火过程中，必须指定专人检查通风瓦斯情况并制定防止爆炸和人员中毒的安全技术措施。

70. 火区熄灭条件是什么?

火区同时具有下列条件时，方可认为火已熄灭：

（1）火区内的空气温度下降到30℃以下，或与灾前该区日常温度相同。

（2）火区内空气中的氧气浓度下降到5%以下。

（3）火区内空气中不含有乙烯、乙炔，一氧化碳浓度在封闭期间内逐渐下降，并稳定在0.001%以下。

（4）火区流出水的温度在25℃以下，或与灾前该区的日常出水温度相同。

（5）上述4项指标持续稳定时间不得少于一个月。

71. 火区的启封应注意哪些安全事项?

火区的启封，根据《煤矿安全规程》规定，应做到：

（1）启封已熄灭的火区前，必须制定安全措施。

（2）启封火区时，应逐段恢复通风，同时测定回风流中有无一氧化碳。发现复燃征兆时，必须立即停止向火区送风，并重新封闭火区。

（3）启封火区和恢复火区初期通风等工作，必须由矿山救护队负责进行，火区因风流所经过巷道中的人员必须全部撤出。

（4）在启封火区工作完结后的3天内，每班必须由矿山救护队检查通风工作，并测定水温、空气温度和空气成分。只有在确认火区完全熄灭、通风等情况良好后，方可进行生产工作。

第三章　矿井防治水和顶板管理基本知识

72. 主要的矿井透水预兆有哪些？

井下发生透水事故前，一定都会出现某些预兆。《煤矿安全规程》中规定，发现透水预兆时，必须停止作业，采取措施，立即报告矿调度室，发出警报，撤出所有受水害威胁地点的人员。

矿井透水主要预兆是：

1. 煤壁“挂红”

矿井水中含有铁的氧化物，渗透到煤壁呈暗红色水锈。

2. 煤壁“挂汗”

采掘工作面接近积水区时，水由于压力渗透到煤壁形成水珠，特别是新鲜切面潮湿非常明显。

3. 空气变冷

采掘工作面接近积水区时，气温骤然降低，煤壁发凉，人有阴凉的感觉。

4. 出现雾气

当巷道内气温较高，积水渗透到煤壁后，由于蒸发形成雾气。

5. “嘶嘶”水叫

井下高压积水向煤（岩）裂隙强烈挤压时与周围煤、岩壁摩擦而发出“嘶嘶”水叫声，在煤巷掘进时听到此声，说明即将突水。

6. 顶板淋水加大

由于顶板上方水体压力的作用，使顶板出现裂隙，淋水越来越大。

7. 出现臭味

矿井老窑积水中含有硫化氢等气体，采掘工作面接近老窑积水时，会产生臭鸡蛋味。

8. 底板鼓起

底板受承压水（或积水区水）的作用，会出现底板鼓起。有时在底板上产生裂隙出现渗水，甚至出现压力水喷射出来。

9. 水色发浑

断层水和冲击层水常含有泥沙，涌水时水混浊，多为黄色。

10. 片帮冒顶

顶板和两帮由于受承压含水层（或积水区）的作用，常出现顶板来压、掉渣、冒顶和片帮等现象。

◎真实案例

2010 年 7 月 31 日一天之内，全国煤矿发生了 3 起较大以上透水事故。分别是：

15 时左右，吉林某煤矿发生一起较大透水事故，造成 4 人被困。事故的原因是：暴雨导致山洪暴发，浑江水暴涨，洪水瞬间倒灌入煤矿塌陷区，经采空区进入该煤矿，导致透水事故发生。

17 时，黑龙江某煤矿发生一起重大透水事故，造成 24 人被困。初步分析事故的原因是：该矿在井下左二段 3＃煤上山采掘过程中，煤层顶板受采动破坏后，断层破碎带与已关闭的另一煤矿采空区积水连通，导致透水事故发生。

23 时左右，河南某煤矿发生一起较大透水事故，造成 3 人被困。初步分析，该矿 13100 工采面回风巷掘进过程中发生底板透水。

73. 矿井有哪几种水源？

矿井主要有以下两种水源：

1. 地表水源

地表水源主要有降雨和下雪，以及地表上的江河、湖泊、沼泽、水库和洼地积水等。它们在一定条件下都可能通过各种通道进入矿井形成水害，同时还可能成为地下水的补给水源。

2. 地下水源

（1）老窑水。废弃的小煤窑、旧井巷和采空区的积水叫老窑水。老窑水一般静压大，积水多时，常带出大量有害气体，危害性很大。

（2）含水层水。煤系地层中的流沙层、沙岩层、砾岩层等，有丰富的裂隙可以积存水。

（3）断层水。断层面上往往形成松散的破碎带，具有裂隙和孔洞，里面常有积水。

（4）岩溶陷落柱水。石灰岩层长期受地下水侵蚀而形成溶洞，由于重力作用和地壳运动，上部的煤（岩）失去平衡而垮落，使煤系地层形成陷落柱，柱内充填物中常积存大量水。

（5）钻孔水。

在煤田地质勘探时打的钻孔，如果封闭不良，孔内常有水积存。

◎真实案例

1984 年 6 月 2 日 10 点 20 分，河北某煤矿 2171 综采工作面发生了一起世界采矿史上罕见的透水灾害，奥陶系岩溶强含水层的高压承压水经导水陷落柱溃入矿井，高峰期 11 h 平均突水量 2 053 m^3/min，历时 21 h 便淹没了一座年产 310 万吨开采近 20 年的大型机械化矿井。

该矿透水发生后，奥灰水位大幅度下降。周围 20 万居民供水中断；地面相继出现 17 个直径 3～23.5 m、深 3～12 m 的塌陷坑，部分房屋轻微下沉，房瓦松动，墙壁出现裂缝。

74. 煤矿防治水十六字原则是什么?

煤矿防治水十六字原则指的是：预测预报、有疑必探、先探后掘、先治后采。它们的含义是：

“预测预报”指的是查清矿井水文地质条件，对水害做出分析判断，在矿井透水以前发出预警预报。

“有疑必探”指的是对可能构成水害威胁的区域、地点，采用钻探、物探、化探、连通试验等综合技术手段查明水害隐患。

“先探后掘”指的是首先进行综合探查和排除水害威胁，确认巷道掘进前方没有水害隐患后再掘进施工。

“先治后采”指的是根据查明的水害情况，采取有针对性的治理措施排除水害威胁后，再安排回采。

75. 煤矿防治水五项综合治理措施是什么？

根据《煤矿防治水规定》，煤矿防治水五项综合治理措施指的是：防、堵、疏、排、截。它们的含义是：

“防”指的是合理留设各类防、隔水煤（岩）柱。

“堵”指的是注浆封堵具有突水威胁的含水层和导水通道。

“疏”指的是探、放老空水和对承压含水层进行疏水降压。

“排”指的是完善矿井排水系统。

“截”指的是加强地表水的截流治理。

76. 煤矿透水的基本条件是什么？

煤矿发生透水事故必须有两个基本条件：一是透水的水源，这种水源的水量是很大的，一旦涌入煤矿井巷中，井巷的外流能力或矿井的排水能力小于水量的涌入量；二是透水的通道，即水源涌入井巷必须通过一定的渠道，这种渠道能保证水源的水源源不断地涌入井巷，淹没井巷甚至整个矿井。

水源主要有大气降水、地表水、地下水和采空区积水。

通道主要有构造断裂破碎带与接触带，岩溶陷落柱，隐伏露头（天窗）和隔水层变薄区，采空区冒落裂隙带，地面岩溶塌陷坑，封闭不良的钻孔和矿井井筒等。

◎真实案例

2007 年 8 月 7 日，贵州某煤矿发生一起透水事故，死亡 12 人，透水地点位于副斜井（全长 280 m）距井底 70 m 处，该处与相邻的废弃矿井采空区相连通，筑有永久封闭。由于下大雨，地面洪水通过临近废弃矿井采空区冲垮封闭后溃入副斜井井底，透水量约为 7 000 m^3。

77. 预防井下水害有哪些措施?

预防井下水害主要采取以下措施：

1. 掌握水情

观测各种地下水源的变化，掌握地质构造位置、水文情况以及小煤窑开采分布范围。

2. 疏水降压

在受水灾威胁和有水害危险的矿井或采区，进行专门的疏水工程，有计划、有步骤地将地下水进行疏放，达到安全开采水压。

3. 探水放水

矿井必须做好水害分析预报，坚持“有疑必探、先探后掘”的探、放水原则。

4. 留设防水煤（岩）柱

对于各种水源在一般情况下都应采取疏干或堵塞其入井通道等方式，彻底解决水的威胁。但有时这样做不合理或不可能，因此需要留设一定宽度的煤（岩）柱来阻隔水源。

5. 注浆堵水

将水泥砂浆等堵水材料，通过钻孔注入渗水地层的裂隙、渗洞、断层破碎带等，待其凝固硬化，将涌水通道充填堵塞，起到防水的作用。

6. 构筑防水设施

在井下巷道适当地点构筑防水闸门或预留挡水墙的位置，在水害发生时使之分区隔离、缩小灾情和控制水害范围，确保矿井安全。

78. 预防地面水淹井有哪些措施?

地面水如果有漏水通道与井下巷道相连通，会使矿井发生突然透水，暴雨和山洪连同杂物也可能从井口灌入造成淹井事故。判断是否是地面水为透水源，主要办法就是根据井上、下的水样和水量进行分析。

地面水的预防措施主要有：

（1）严禁开采煤层露头的防水煤柱。

（2）容易积水的地点应修筑沟渠排泄积水。沟渠在修筑时应避开露头、裂隙和导水岩层。特别低洼地点不能修筑沟渠排水时，应将其填平、压实；范围大无法填平时，可建排洪站排水，防止积水渗入井下。

（3）矿井受河流、山洪和滑坡威胁时，必须采取修筑堤坝、泄洪渠和防止滑坡的措施。

（4）排到地面的矿井水，为防止再次通过露头、塌陷区裂隙等处渗入井下，必须采取修建石拱桥（沟渠）等排水措施，将矿井水排出矿区。

（5）流经矿区的河流、冲沟、渠道等，有可能通过裂隙渗入井下时，则应在渗漏地段用黏土、料石或水泥铺底进行堵漏。地面裂隙和塌陷地点必须填塞。当流量大的河道流经矿区，而煤层顶板又没有足够厚度的隔水层时，可将河流改道。

（6）每次降大到暴雨时，必须派人检查地面有无裂隙、老窑陷落和岩溶塌陷等现象，发现漏水必须及时处理。

◎真实案例

2007年7月28、29日，河南省三门峡地区普降大雨，降雨115 mm，造成山洪暴发。29日8点40分山洪沿着铁炉沟河暴涨，造成位于河床中心的某铝土矿坑塌陷，洪水通过矿井上部老巷泄入煤矿，造成淹井灾害。69人被水围困井下。经全力抢救，于8月1日12点53分全部脱险。

79. 老空积水有什么危害？

老空积水指的是煤矿采空区、老窑和已经报废井巷中积存的地下水。

由于古代的小煤窑和前几年一哄而上的私营小煤矿遍布矿区，以及近代煤矿的采空区及废弃巷道等，这些长期积存保留下来的老空区，储有大量水源，如果采掘工作面或巷道触及或接近它们，往往造成矿井透水事故或者使矿井涌水量突然增加。

◎真实案例

2010年3月21日17点，湖南某煤矿（无证非法）发生透水事故，共有13人被困井下。该煤矿为私营企业，采矿权属招拍挂项目，没有取得任何证照，独眼井生产。井筒井口标高＋150 m，落底标高＋20 m，井筒斜长220 m。估计透水量大约1 000 m^3。事故发生后，矿主中有7人逃匿，1人被公安机关控制。事故原因初步分析为矿井开采范围内老窑分布密集，采空区互相贯通，存在老窑积水；非法开采的煤矿在没有探明老窑积水的情况下，未采取探放水措施，采掘过程中误穿积水老窑，导致事故发生。

80. 为什么要进行井下探放水?

井下探放水的重要性可以从以下三方面理解：

（1）井下探放水是执行煤矿防治水原则的需要。井下探放水就要先进行探放水，然后再进行采掘活动，这是确保不发生透水事故、采掘安全生产的重要措施。

（2）井下探放水是贯彻国务院《特别规定》的需要。国务院2005年9月3日颁布的《国务院关于预防煤矿生产安全事故的特别规定》中明确规定："有严重水患，未采取效措施"的属于危及煤矿安全生产的15种隐患和行为之一，必须立即停止生产，排除隐患。对存在的隐患不排查、不报告、不整改的，下达停产整顿指令，对拒不停产整顿的煤矿和停产整顿逾期不合格的煤矿，则依法予以关闭。国家安全生产监督管理总局和国家煤矿安全监察局又明确规定了"在有突水威胁区域进行采掘作业未按规定进行探放水的""属于有严重水患，未采取有效措施"的五种情形之一。

（3）井下探放水是吸取煤矿透水事故教训的需要。从近年来发生的煤矿透水事故教训分析，由于地质资料不清，未实施井下探放水措施是主要原因。2007 年全国煤矿共发生较大水害和重大水害事故 31 起，其中 23 起是未探放水所致，占 74.2%。

◎真实案例

2010 年 3 月 1 日 7 点 20 分，内蒙古某煤矿在基建施工中发生特别重大透水事故。当班井下共有作业人员 77 名，事故发生后经抢救有 46 人相继升井（其中 1 人经抢救无效死亡），事故共造成 32 人死亡、7 人受伤。

经分析，该煤矿建设施工中存在着严重的违规违章行为，井下施工的 16 号煤层回风大巷掘进工作面探放水措施不落实，在掘进施工打炮眼时导出奥陶系灰岩地下水，淹没井下巷道和硐室；出现透水征兆后现场撤离不及时造成大量人员伤亡。

81. 采掘工作面如何做好探放水工作？

1. 采掘工作面必须探水的条件

采掘工作面遇到下列情况之一时，必须确定探水线进行探水：

（1）接近水淹或可能积水的井巷、老空或相邻煤矿时。

（2）接近含水层、导水断层、溶洞和导水陷落柱时。

（3）打开隔离煤柱放水时。

（4）接近可能与河流、湖泊、水库、蓄水池、水井等相通的断层破碎带时。

（5）接近有出水可能的钻孔时。

（6）接近有水的灌浆区时。

（7）接近其他可能出水地区时。

2. 探放水安全注意事项

探放水时要注意以下安全事项：

（1）探水前，查明其空间位置、积水量和水压，根据具体情况和有关规定确定探水线。

（2）放水时，要撤出探放水点部位受水害威胁区域的所有人员。

（3）探放水时必须打中老空水体，要监视放水全过程，直至老空水放完为止。

（4）钻孔接近老空，预计可能有瓦斯或其他有害气体涌出时，必须有瓦斯检查工或矿山救护队员在现场值班，检查空气成分。如果瓦斯或其他有害气体浓度超过《煤矿安全规程》规定时，必须立即停止钻进，切断电源，撤出人员，并报告矿调度室，及时处理。

◎真实案例

2010 年 3 月 28 日山西某煤矿发生一起特别重大透水事故。据分析，该矿物探人员在 3 月 24 日、25 日发现 20101 回风巷掘进前方异常，但仍作出“可以正常掘进”的探测成果表；工程部部长、地质工程师轻易作出可以正常掘进的“水害预报”；项目部和监理部没有建议停工，透水事故预兆就这样被疏忽了。3 月 28 日上午工作面渗水，但项目部多名管技人员未采取果断措施停工撤人，进行钻探验证，于 13 点 12 分左右发生了透水事故。当时井下 261 人，其中 108 人安全上井，153 人被困井下。经千方百计、全力以赴进行抢救，至 4 月 5 日 14 点 10 分成功救出 115 人，仍造成 38 人死亡、直接经济损失近 5 000 万元。

82. 探放断层水作业有哪些安全注意事项？

探放断层水作业应注意以下安全事项：

（1）钻进时发现有透水预兆必须停止钻进，但不得拔出钻杆。在探放水钻孔钻进时，当煤岩出现松软、片帮、来压或钻孔中的水压、水量突然增大以及有顶钻等异常现象时，说明前方已经接近或触及了强含水体，这时如果继续钻进，或将钻杆拔出，极有可能造成更大的出水，乃至难以控制，甚至发生钻杆在拔出的过程中被高压水顶出伤人事故。

（2）在钻孔出现出水异常情况时，现场负责人员应立即向矿调度室报告，并派人监视水情。如果发现情况危急时，必须立即撤出所有受水威胁地区的人员，然后采取措施，进行处理。

（3）探放断层水的钻孔应结合探查断层结构来布置。在探查断层位置、产状要素、断层带宽度的同时，着重查明断层带的充水情况、含水层的接触关系和水力联通情况、静水压力和涌水量大小，以达到一孔多用的目的。如在正断层上盘巷道内，选择合适的地点，向下盘的含水层打钻孔，可以探明下盘含水层的情况。

（4）断层水探明后，应根据水的来源、水压和水量采取不同措施进行处理。若断层水来自强含水层，则要采取注浆封闭钻孔的方法，选择留设断层煤柱保证开采安全；若已进入煤柱范围的巷道要加以充填或封闭；若断层含水性不强，则可考虑放水疏干。

83. 矿井排水设备有哪些规定？

矿井排水设备主要有水泵、水管、配电设备、主要泵房和水仓。

1. 水泵

必须有工作、备用和检修的水泵。工作水泵的能力，应能在20 h内排出矿井24 h的正常涌水量（包括充填水及其他用水）。备用水泵的能力应不小于工作水泵能力的70%。工作和备用水泵的总能力，应能在20 h内排出矿井24 h的最大涌水量。检修水泵的能力应不小于工作水泵能力的25%。水文地质条件复杂的矿井，可在主泵房内预留安装一定数量水泵的位置。

2. 水管

必须有工作和备用的水管。工作水管的能力应能配合工作水泵在20 h内排出矿井24 h的正常涌水量。工作和备用水管的总能力，应能配合工作和备用水泵在20 h内排出矿井24 h的最大涌水量。

3. 配电设备

应同工作、备用以及检修水泵相适应，并能够同时开动所有水泵。

4. 主要泵房

主要泵房至少有2个出口，一个出口用斜巷通到井筒，并应高出泵房底板7 m以上；另一个出口通到井底车场，在此出口通路内，应设置易于关闭的既能防水又能防火的密闭门。

泵房和水仓的连接通道，应设置可靠的控制闸门。

5. 水仓

水仓必须有主仓和副仓，当一个水仓清理时，另一个水仓正常使用；水仓的有效容量应能容纳矿井 8 h 正常涌出量。水仓进口处应设置箅子。

84. 顶板事故有哪些特点?

顶板事故指的是在井下建设和生产过程中，因为顶板意外冒落造成的人员伤亡、设备损坏和生产中止等事故。任何一个井下作业人员每时每刻都在和顶板打交道，疏忽了就要挨砸。

顶板事故是煤矿五大自然灾害之一。它的特点是：占全国煤矿事故总起数的比例和总死亡人数的比例最高；在特大事故中所占比例较小和单次事故死亡人数较少。据统计，2008 年全国煤矿顶板事故起数占全国煤矿事故总起数的 52.8%；顶板事故死亡人数占死亡总人数的 38.0%。但是，在重大事故中，顶板事故起数占全国煤矿事故总起数的 5.3%；顶板事故死亡人数占死亡总人数的 3.3%；顶板事故单次死亡平均人数为 1.18 人。

85. 发生顶板事故的原因是什么?

发生顶板事故主要有以下两方面原因：

1. 客观原因

（1）采煤过程中因围岩应力重新分布、采煤方法选择不当和巷道布置位置不合理，所需支撑压力大于支护的支撑力，从而造成顶板垮落冒顶事故。

（2）工作面遇到突然出现的地质构造，在正常作业情况之下，因设计时资料不全，也会发生冒顶现象。如采煤工作面出现小断层，工作中没注意分析与观察，采取通常的支护方法往往容易发生冒顶事故。

2. 主观原因

（1）采掘工作面规格质量低劣。控顶距离掌握不当；柱（棚）距过大；插背太少和支柱（架）歪扭、初撑力小。

（2）违章操作。作业时不坚持敲帮问顶；发现隐患不及时排除；空顶作业；违章放炮；冒险回柱作业和随意砸、碰倒支柱（架）。

（3）管理不善。煤矿生产管理不同于其他行业，井下生产条件随时有所变化，生产管理者不深入现场，不带班作业，不严格按三大规程办事、采掘工序安排不当、盲目开采、违章指挥和安全意识差等，常常会造成事故。

86. 预防冒顶的主要措施有哪些？

煤矿冒顶的原因很多，也很复杂，故预防冒顶的措施也是多方面的。一般来说，主要应采取以下 6 项措施：

（1）加强采掘工程质量，严格执行质量标准。严禁空顶作业，严禁在浮煤、矸石上架设支架，所有支架都必须迎山有劲；按《作业规程》规定严格控制控顶距，不得加大和缩小；炮眼布置、装药量和一次放炮距离都必须按章操作，防止爆破崩倒支架、崩冒顶板；严禁冒险回柱放顶。

（2）坚持顶板管理制度。作业时坚持敲帮问顶，掘进工作面使用前探梁；严格执行岗位责任制、质量验收制、现场交接班制和顶板分析制。

（3）不断提高安全操作技能。要按照《作业规程》的要求和操作规程的规定进行作业。严禁违章指挥、违章作业，不断提高全体作业人员的操作技能。

（4）充分掌握顶板压力分布的规律。根据顶板压力分布的规律科学地选择采煤方法、合理地布置巷道位置和确定支架形式，并进行顶板来压的预测预报，做好顶板安全的基础性工作。

（5）特殊条件下要采取有针对性的安全技术措施。采掘工作面遇到托伪顶、过断层、过老巷及地质破碎带等情况时，必须采取有针对性的爆破、支护和回柱放顶等措施，确保安全通过。

（6）加强巷道维修。要根据矿压显现情况，合理安排巷道维修人员，建立巷道维修制度，确保矿井巷道失修率不超过规定，采掘生产巷道畅通无阻。

（7）根据具体情况处理冒顶。当冒顶发生后，处理方法不当可能造成事故扩大甚至伤及处理冒顶人员。所以必须根据冒顶的具体情况和当地实际情况，在确保抢救人员安全的前提下选择处理方法。

87. 发生冒顶有哪些预兆？

发生冒顶主要有以下十种预兆，但有时并不全部出现而仅出现部分预兆现象：

（1）响声。顶板压力急剧增大时，支架或支柱下缩发生很大声响，有时还会出现顶板发生断裂的闷雷声（即煤炮、板炮）。

（2）掉渣。顶板严重破裂时，出现顶板掉渣现象，掉渣越多，说明顶板压力越大。

（3）片帮。冒顶前，煤壁所承受的支撑压力增加，煤变松软，片帮煤比平时增多，甚至还有煤的压出和突出。

（4）裂隙。冒顶到来到之前，会出现新的裂隙或使原有裂缝加宽、加深。

（5）漏顶。破碎的伪顶或直接顶，在大面积冒落以前，有时会因背顶不严或支架不牢出现漏顶现象。漏顶后，支架棚梁托空，支架松动，当岩石继续冒落时，就会出现大面积冒顶事故。

（6）脱层。顶板将要冒落时，往往出现顶板脱层现象，采用敲帮问顶法不容易发现，当基本顶冒落时，则将发生没有预兆的大面积冒顶或切顶。

（7）淋水。有淋水的顶板，淋水量明显增加；甚至有的原本不淋水的顶板也出现淋水现象。

（8）漏液。顶板来压时发生下沉，使支架载荷迅速上升，单体液压支柱和自移式液压支架安全阀出现自动漏液现象。

（9）变形。由于顶板压力加剧对支架的作用，支架出现歪扭变形现象，甚至难以控制顶板，会立即冒顶。

（10）瓦斯。冒顶时有时瓦斯涌出量会突然增加。

88. 预防掘进工作面迎头冒顶事故有哪些措施？

掘进工作面迎头支架架设时间短，未压上劲，容易被放炮崩倒；人员作业经常在空顶条件下进行；同时受到地质构造变化影响，所以，掘进迎头冒顶事故较多。预防掘进工作面迎头冒顶事故主要有以下措施：

（1）根据掘进工作面顶板岩石性质，严格控制空顶距，坚持使用超前支护。

（2）严格执行敲帮问顶。

（3）在地质破碎带或层理裂隙发育区等压力较大处要缩小棚距。

（4）合理布置炮眼和装药量，以防崩倒支架或崩冒顶板。

（5）在掘进迎头往后 10 m 范围内采用金属拉杆或木拉条把棚子连成一体，必要时还须打中柱以抵抗顶板突然来压和放炮冲击。

89. 有哪些措施预防巷道交叉处冒顶事故?

巷道交叉处控顶面积大，支护复杂，是预防巷道冒顶的重点部位。预防巷道交叉处冒顶事故主要有以下措施：

（1）开岔口应尽量避开原来巷道冒顶范围、废弃巷道和硐室。

（2）必须在开口抬棚支设稳定后，再拆除原巷道支架棚腿。

（3）抬棚材料要选用合格的质量与规格，保证其强度。

（4）当开口处围岩尖角被压坏时，应及时采取加强抬棚稳定性措施。

（5）抬棚上顶空洞必须堵塞严实，空洞高度较大时必须码木垛接顶。在码木垛时，作业人员应站在安全地点，并设专人观察顶板。

90. 根据不同力学原因将冒顶事故划分为哪几类?

根据力学原因不同可将冒顶事故划分为以下三类：

1. 坚硬顶板压垮型冒顶

坚硬顶板压垮型冒顶指的是，采空区内大面积悬露的坚硬顶板在短时间内突然塌落，将工作面压垮而造成的大型顶板事故。

◎真实案例

某年6月19日，山西某煤矿402盘区顶板大冒落面积达12.5万平方米，两个采煤工作面全部压垮，幸好由于预报准确，及时提前将人员撤到井上，避免了人员伤亡事故。

2. 破碎顶板漏垮型冒顶

破碎顶板漏垮型冒顶指的是，在采煤工作面某个地点由于支护失效而发生局部漏冒，破碎顶板就有可能从该处开始沿工作面往上全部漏完，造成支架失稳，导致漏垮型冒顶事故。

◎真实案例

1998年1月18日12点50分，河南某煤矿丁6采煤工作面存在顶板破碎和支架不稳等重大隐患时，违章爆破，造成工作面局部冒顶，使上部丁5采煤工作面采空区大量矸石沿急倾斜工作面（42°～48°）迅速冒落，导致工作面上部空顶，支架受力不均，被急剧下落的矸石摧垮，将工作面上部躲炮的11名工人全部压埋致死，1名工人急速跑到距上风巷口2 m处，被强风吹倒后，爬着前行脱险。

3. 复合顶板摧垮型冒顶

复合顶板摧垮型冒顶指的是，在工作面开采过程中，由于复合顶板的下部软岩下沉，与上部硬岩离层，支架处于失稳状态。一旦遇有外力作用，工作面支架因水平方向的推力而发生倾倒，造成摧垮型冒顶事故。

◎**真实案例**

1988年11月3日8点20分，安徽某煤矿5104采煤工作面在回柱放顶时，违反操作规程，在工作面中上部留有51棚未回柱的情况下，上、下同时回柱，造成复合顶板压力集中，致使在回撤留下的支柱时发生冒顶，导致3人死亡、1人重伤、1人轻伤。

91. 坚硬难冒顶板有哪些预防冒顶的措施？

坚硬难冒顶板是指直接顶岩层比较完整、坚硬（固）、回柱放顶后不能立即垮落的顶板。坚硬难冒顶板容易发生压垮型冒顶事故。预防坚硬难冒顶板冒顶主要有以下措施：

1. 提前强制爆落顶板

（1）地面深孔爆破放顶。在悬顶区上方相对应的地面打钻至采空区顶板，然后进行扩孔和大药量爆破崩落顶板。

（2）刀柱采空区强制放顶。在刀柱一侧向采空区顶板打垂直于工作面的深孔，进行爆破放顶。

（3）垂直于工作面钻孔强制放顶。在工作面垂直于工作面方向向采空区顶板钻眼爆破。

（4）平行于工作面长钻孔强制放顶。在工作面前方未采动煤层上方顶板打平行于工作面的长钻孔，煤层开采后在采空区装药爆破，或者在煤层采动前爆破。

2. 灌注压力水处理坚硬难冒顶板

通过钻孔向顶板灌注压力水，能有效地软化和压裂顶板，提高放顶效果。

注水方法有超前工作面预注水、分层注水、采空区注水、超过工作面应力集中区注水等方法。

◎真实案例

某年10月22日11点，山西某煤矿14层煤404盘区832采煤工作面，发生压垮型冒顶事故，造成18人死亡，1人重伤，18人轻伤。

冒顶发生时，顶板响动遍及整个盘区，响声异常。矿井将工人撤出盘区，半小时后大面积顶板突然冒落，造成地面（工作面距地表84～104 m）塌陷面积12.8万平方米，深达1 m。地表对应采区位置出现7条宽0.2～0.5 m、长102～360 m的大裂缝。顶板冒落时产生巨大暴风，摧毁密闭9座、风桥2座、支架90多架及井下变电所墙。巷道高度由4 m变为2 m，煤壁片帮使巷道宽度增大为6～7 m。碎煤将皮带全部埋住，全矿井通风运输系统严重破坏，被迫停产16天，影响产量8 000余吨。

92. 破碎顶板有哪些预防冒顶的措施？

破碎顶板是指岩层的强度低、节理裂隙十分发育、整体性差、自稳能力低，并在工作面控顶区范围内维护困难的顶板。破碎顶板容易发生漏垮型冒顶事故。

预防破碎顶板冒顶的措施是减小顶板暴露面积和缩短顶板暴露时间。预防破碎顶板冒顶主要有以下措施：

1. 使用单体支柱时

（1）及时挂梁或探板，及时打柱；顶板用小板或笆棍插严、背实。

（2）在机组割煤工作面采用“追机”支架的作业形式，以利于及时挂梁、移溜和支护。

（3）如果煤壁松软，必须全部用木料处理严实。

（4）采用少装药，每次同时放炮数少，尽量减小放炮对顶板的震动破坏。同时，放炮、回柱和割煤三大工序要相互错开15 m距离，以减小它们对顶板的叠加影响。

（5）若顶板极度破碎，采用正常支护方式无法控制顶板时，应使用尖枪掏梁窝或打撞楔方法。

2. 使用综采时

（1）在机组割后及时伸出伸缩梁控制顶板，并将护帮装置伸出逼住煤帮。

（2）采用超前移架、带压移架的方法。

（3）若顶板极度破碎，应采用架设临时木托梁、木垛支护顶板，或者在顶梁上铺网护顶。

◎真实案例

2007年5月30日19点50分，宁夏某煤矿11062炮采工作面由于顶板破碎，发生片帮漏顶，采用将漏下的煤矸拉空的方法进行维护处理，造成支护上方漏空，支护失去稳定性，导致20架支护发生冒顶，死亡2人。

93. 复合顶板有哪些预防冒顶的措施？

复合顶板是指煤层的顶板由厚度为0.5～2.0 m的下部软岩及上部硬岩组成，并且它们之间有煤线或落层软弱岩层。复合顶板容易发生摧垮型冒顶事故。预防复合顶板冒顶主要有以下措施：

（1）严禁仰斜开采。采煤工作面应使下端稍落后于上端推进，形成伪俯斜开采，即使顶板下部软岩已经离层、断裂，也不会出现冒落，有效地防止推垮型冒顶。

（2）运输平巷严禁挑顶掘进。运输平巷是采煤工作面刮板输送机下端头位置，控顶面积大，机头支架反复支撑，复合顶板反复松动，加剧了顶板的离层，如果运输平巷挑顶掘进，使离层断裂的顶板失去了阻力，从而发生冒顶事故。

（3）尽量避免回风平巷、运输平巷与工作面推进方向呈锐角相交。

（4）初采时不要反向推进。

（5）提高支架的稳定性，把采煤工作面支架连成“整体支架”，或者使用戗柱、斜撑抬板，阻止离层断裂岩块向下滑移发生冒顶。

◎真实案例

1985 年 8 月 3 日 14 点 05 分，贵州某煤矿二号井 2233 采煤工作面，发生一起推垮型冒顶事故，死亡 7 人。该工作面平均煤厚 2 m，倾角 8°～12°，直接顶为燧石灰岩，厚度为 7～12 m，底板为砂质页岩。

事故当班该工作面正在推过一条老巷，再加上推进速度慢，给顶板离层创造了条件。冒顶发生时顶板压力不明显，没有明显征兆，来势猛，速度快，冒顶范围大（长 18 m×宽 7.2 m×高 6 m），支柱均往煤壁方向倾倒，无折损。

94. 巷道维修和处理冒顶的一般原则是什么？

在巷道维修和处理冒顶时应遵循如下的一般原则：

1. 先外后里

先检查冒落带以外 5 m 范围内支架的完整性，有问题先处理好。如果一般范围巷道冒顶，要坚持先处理外面的，再逐渐向里处理，确保操作人员后路畅通。

2. 先支后拆

更换巷道支架时，先打临时支护或架设新支架，再拆除原有支架，以避免巷道因无支架而发生冒顶。

3. 先上后下

处理倾斜巷道冒顶事故时，应该由上端向下端依次进行，以防矸石、物料滚落和支架歪倒砸人。

4. 先近后远

一条巷道内多处冒顶时，必须坚持先处理离安全出口较近的一处，再处理离安全出口较远的一处，以防再次冒顶堵住通道。

5. 先顶后帮

在处理顺序上，必须注意先维护、支撑住顶板，再维护好两帮，确保操作人员安全。

◎真实案例

2008 年 8 月 30 日 10 点 30 分，湖南某煤矿±0 水平东 4 号石门 1 号溜煤眼发生一起冒顶事故，垮落的煤炭堵塞巷道，将 4 名作业人员困在溜煤眼东侧的一平煤巷内，导致 4 人全部窒息死亡。据初步调查了解，事故的主要原因：一是矿方未及时上报事故，自行组织抢救遇阻后，直到 16 点 01 分才将事故情况向上报告，未能制定最佳救援方案，贻误了抢救时间；二是职工违章放顶煤作业；三是巷道施工顺序不当，没有人员撤退的安全出口。

95. 处理冒顶有哪几种方案?

根据冒顶的具体条件，处理冒顶有以下三种方案：

1. 全断面处理法

全断面处理法即整巷法或一次成巷法。全断面处理法指的是，沿冒顶范围的两端由外向里，一次架设的新棚子与原棚子断面基本一致。它的优点是可避免多次松动原已破碎的顶板，缺点是进度较慢。当冒顶范围不大，垮落矸石块较小时可采取全断面处理法。

2. 小断面处理法

小断面处理法指的是，如果顶板冒落的矸石非常破碎，采取全断面处理方案不易通过时，可沿煤壁在下部先掘出一条小巷，以此作为临时通风、运输和行人之用，然后再扩大为原断面永久支架。它的优点是处理冒顶进度快，缺点是需要二次支护。

3. 绕道处理法

在冒顶范围很大、冒落高度很大和顶板岩石极不稳定的条件下，采用全断面处理法和小断面处理法相当困难、危险时，可采用开补绕道，然后由绕道向冒落带进行处理的方法。

96. 冒顶处理有哪些特殊施工方法?

冒顶处理要根据冒顶范围、冒落高度、顶板岩性和当时当地的采掘设备等因素而确定最佳施工方法。一般来说冒顶处理有以下四种特殊施工方法：

1. 撞楔法

当冒落范围内仍在冒落顶板岩石，或者一动顶板碎矸就止不住地往下流时，应该采取撞楔法。撞楔法是将预先制定的（铁或木）楔棍用力撞进冒落的碎矸中，抢救人员在撞楔保护下清除煤矸等物，然后进行支架。

2. 探板法

在冒顶范围不大，顶板没有冒落且矸石暂时停止下落时可采用探板法。这时先观察顶板，加固冒落带附近的支架，然后探木板，木板上方的空隙要背严，在木板保护下清除煤矸等物。

3. 木垛法

当冒落高度较大、原支架基本完整和冒落范围内顶板比较稳定，不再继续冒落矸石时，可采用木垛法。这时在原支架上方码放木料，直至接顶。码木垛时要注意顶要接实背好，防止掉矸，并抵住冒落区周边，以防止片帮掉矸。

4. 搭凉棚法

当冒顶高度不大，顶板岩石不继续冒落、冒顶范围又不大时，可采用搭凉棚法。这时用 5～8 根长木料搭在冒落区两端完好的支架上，抢救人员在凉棚保护下进行清理煤矸、架棚等工作。架好棚子后，再在凉棚上用木料把顶板接实。

第四章　瓦斯、煤尘爆炸现场自救互救知识

97. 瓦斯、煤尘爆炸时现场人员为什么要自救互救？

瓦斯煤尘爆炸主要危害包括以下几方面：

（1）爆炸产生的强大冲击力可能将现场作业人员吹倒，造成受伤或死亡；可能将巷道支架冲垮，造成冒顶事故；可能将电气设备刮跑，造成停电；可能将通风设施摧毁，造成矿井风流紊乱。

（2）爆炸产生高强度的声波，可能使人的脑部和内脏器官受到损伤，还会致使耳鼓膜穿孔。

（3）爆炸产生大量热源，形成爆炸火焰，可能烧伤、烧死人员，烧坏设备和电缆，烧毁煤炭资源，还可能形成矿井毁灭。

（4）爆炸消耗大量氧气，产生大量有害气体，使人员窒息中毒，甚至死亡。

瓦斯、煤尘爆炸事故是煤矿井下最严重的自然灾害，往往造成多人伤亡，甚至出现矿井毁坏的重大恶性后果。因此必须严加防治，当发生预兆和灾害时必须积极开展现场自救互救。

◎真实案例

2009年2月22日2点02分，山西某煤矿南四采区发生特别重大瓦斯爆炸事故。当班下井436人，其中358人生还，事故造成78人死亡、114人受伤（其中重伤5人）。爆炸波及该矿整个南四采区，该采区12403工作面区域破坏严重，瓦斯抽放管路断裂，密闭墙、风桥以及采区变电所等破坏严重。

98. 煤矿爆炸是如何分类的?

根据参与爆炸的物质不同，煤矿爆炸可分为以下5类：

1. 瓦斯爆炸

瓦斯爆炸按其爆炸的特点和波及范围，分为局部瓦斯爆炸、大型瓦斯爆炸和瓦斯连续爆炸三类。

（1）局部瓦斯爆炸。局部瓦斯爆炸事故发生在局部地点，如采掘工作面、采空区或巷道的局部瓦斯积聚点。其特点是波及范围小，对人员造成伤害和矿井破坏不严重。

（2）大型瓦斯爆炸。大型瓦斯爆炸发生时，参与爆炸的瓦斯量大，波及范围大，对人员伤害和矿井破坏严重。

（3）瓦斯连续爆炸。瓦斯连续爆炸是指瓦斯爆炸后，接着发生第二次、第三次以至数十次爆炸。瓦斯连续爆炸事故波及范围大，对人员造成伤害和矿井破坏十分严重，而且爆炸间隙无规律可循。

◎真实案例

2002年1月26日9点45分，河北某煤矿采煤工作面发生瓦斯爆炸事故，造成18人死亡、1人失踪。1月27日12点32分再次发生瓦斯爆炸，导致抢险救灾人员死亡9人，失踪1人。第二次瓦斯爆炸事故后，抢险指挥部接受专家组建议，禁止一切人员下井。2月9日和18日又连续发生两次瓦斯爆炸，幸好井下无人，没有发生人员伤亡事故。

2. 煤尘爆炸

煤尘爆炸是由于煤尘本身受热后所释放出的可燃性气体被点燃而爆炸。由于煤中含有不燃物质，当煤尘爆炸过程中供氧不足、燃烧不完全时，将有一部分煤尘被局部焦化，黏结在一起，沉积于支架和巷道壁上，形成黏焦。根据黏焦，就可以判断是否是煤尘爆炸或煤尘参与瓦斯爆炸，以及煤尘爆炸的次数、爆炸点位置和爆炸强度等。

◎真实案例

2004年5月18日18时18分，山西某煤矿井下维修硐室发生一起特别重大煤尘爆炸事故，造成33人死亡，直接经济损失293.3万元。

该煤矿煤尘具有爆炸危险性，但该矿不按规定采取防尘措施，井下生产运输过程中大量煤尘飞扬，致使井下维修硐室的煤尘达到爆炸浓度；工人违章在维修硐室焊接三轮车时产生的高温焊弧引爆煤尘。

3. 火药爆炸

煤矿井下储存的火药，如果通风条件不好，受到高温高压作用，会意外发生爆炸。火药爆炸对矿井和人身威胁极大，特别是火药库的爆炸。

◎真实案例

2008年6月13日9点50分，山西某煤矿发生特别重大炸药爆炸事故，造成35人死亡、1人失踪、12人受伤，直接经济损失1 291万元。

该矿井下违规存放大量炸药和雷管，1号火工品存放点存放的炸药因不通风、环境潮湿自燃，引起雷管和炸药爆炸；爆炸产生的高温高压气体及爆炸生成物又引起2号火工品存放点的雷管和炸药爆炸。火工品燃烧、爆炸产生的冲击波及有毒、有害气体导致井下作业人员大量伤亡。

4. 水煤气爆炸

水煤气爆炸大多数在用水灭火或巷道涌水接触高温火源，产生大量水煤气被点燃后发生。水煤气爆炸威力不亚于瓦斯、煤尘爆炸，但由于发生在局部地区，一般对矿井危害较小。

◎真实案例

某年2月26日，河北某煤矿六西三石门着火，矿山救护队用水管向火区灌水，因石门顶部的火势大、温度高，产生高温、高压水煤气，遇火区明火发生了水煤气爆炸事故，死亡3人。

5. 氢气爆炸

煤矿井下的氢气爆炸主要是指蓄电池机车充电后产生大量氢气，如果通风不好，遇火即会发生爆炸。由于充电地点一般位于矿井井底车场进风流附近，故对矿井和人员的安全会造成威胁。

99. 发生瓦斯、煤尘爆炸预兆时现场人员如何自救互救?

瓦斯、煤尘爆炸的危害是极其严重的，不仅毁坏井巷和设备，更会危害矿工的生命安全。当矿井发生瓦斯、煤尘爆炸预兆时，现场作业人员做好自救互救工作，是减小伤亡事故范围、实现煤矿安全生产的重要措施之一。

任何事故发生前都会出现一些预兆，瓦斯、煤尘爆炸事故也不例外。井下作业人员都要了解和掌握这些预兆。据亲身经历过爆炸现场的人员讲，瓦斯、煤尘爆炸前感觉到附近空气有颤动的现象发生，有时还会发出“嘶嘶”的空气流动声音，人的耳膜有震动感觉。当然这些预兆都是轻微、不明显的。

所以，井下人员在现场不要打闹、嬉戏、斗殴，要集中精力观察、体味周围发生的一切，一旦遇到或发现以上现象，就要意识到这是发生爆炸事故的预兆，特别是瓦斯传感器发出报警时，就有可能马上发生爆炸事故，应该立即沉着、冷静、迅速地采取应急自救互救措施。

◎真实案例

2009 年 11 月 21 日 2 点 30 分，黑龙江某煤矿三水平南二石门后组 15 号层探煤巷发生煤与瓦斯突出，瓦斯检查员第一时间发现险情，第一时间组织、帮助正在井下作业的工友们撤离，成功地将近百名矿工带到了安全地带，6 名瓦检员为救工友牺牲。

100. 爆炸时为什么要背向空气颤动的方向，俯卧在地?

当发现爆炸预兆，或者爆炸事故发生后听到爆炸声响和感觉到空气冲击波时，现场作业人员应立即背向空气颤动的方向，俯卧在地，面部贴在地面，双手置于身体下面，闭上眼睛。瓦斯、煤尘爆炸产生的巨大空气冲击波能将人冲倒，造成人体骨折、脑震荡、内脏器官损坏，轻则受伤，重则死亡。采取立即卧倒就可以降低身体高度，以减少受冲击面积，避开冲击波的强力冲击，减小伤害的程度。

◎真实案例

某煤矿发生瓦斯爆炸事故，第一次爆炸的威力不大，只是将现场人员从工具箱上摔了下来，他们立即外撤。行走时，一位爆破员见到几十米远的前方有一片火光，预感到要发生第二次爆炸，迅速地平卧在地面。紧接着“轰”的一声巨响，第二次瓦斯爆炸发生了。随后，他从地上爬起来，抖了抖身上落的碎煤矸石，发现与他一起外撤而没有及时卧倒的其他几个人全部死亡。

101. 瓦斯煤尘爆炸时为什么要用衣物护好身体?

瓦斯、煤尘爆炸时，要用衣物护好身体，避免烧伤。爆炸后产生几千度的高温，会烧着人体，轻则造成烧伤，重则烧死。大面积烧伤人员很难医治和护理，往往感染致死。但是这种爆炸高温火焰延续的时间极短，一瞬即过。爆炸现场证明，凡是被工作服、手套、胶靴、安全帽等保护用品遮盖的部位，基本上都未烧伤。因此，矿工在井下时一定要正确佩戴劳动保护用品。有的工人在井下作业时因出汗而光着膀子，这是很不安全的。

102. 爆炸事故发生后为什么要立即佩戴自救器?

自救器是爆炸事故后现场作业人员应急自救互救的可靠呼吸

装置。爆炸事故发生后，产生大量有害气体，如一氧化碳浓度可能达到4%～8%，容易造成人员中毒窒息，这是爆炸事故死亡人数多的主要原因。

发生爆炸事故后，现场作业人员未遭受到严重伤害时，应立即佩戴好自救器，迅速撤出受灾巷道，到达新鲜风流处。对于受伤较严重的伤员，要协助其佩戴自救器，帮助其撤出危险区。在未到达新鲜空气地点以前，禁止摘下自救器。如果来不及打开自救器，应立即趴在水沟边，闭住气暂停呼吸，将毛巾或衣服沾湿捂住鼻孔和嘴巴，以防止把爆炸火焰和有害气体吸入肺部。

禁止无任何救护仪器和防护条件的工人盲目进入灾区抢险，以免造成无谓死亡，防止事故扩大。

103. 爆炸事故发生后撤离灾区应注意哪些事项?

爆炸事故发生后，现场作业人员要立即撤离灾区，应注意以下事项：

（1）立即佩戴好自救器；如没有准备自救器，最好用湿毛巾迅速捂住口鼻，就地卧倒。如边上有水坑，可侧卧于水中。

（2）听到爆炸声，应赶快张大口并用毛巾捂住口鼻，避免爆炸所产生强大的冲击波击穿耳膜，引起永久性耳聋。

（3）爆炸后切忌乱跑，井下人员应在统一指挥下，保持镇定，向有新鲜风流的方向撤退或躲进安全地区，注意防止二次爆炸或连续爆炸的再次损伤。

（4）选择距离最近、安全可靠的避灾路线，迅速撤离灾区，到达新鲜空气处。

（5）如果遇有巷道拐弯、断面扩大或缩小等地点，爆炸冲击波和火焰威力会很快降低，应临时在此地点躲避，人员可不受伤害或受伤害较轻。

（6）在撤退时不要惊慌，不乱喊乱叫和狂奔乱跑，要在现场班（组）长和有经验的老工人带领下，有条不紊地组织撤退。在撤退路途中要互相关心，互相帮助，互相照顾。

（7）当遇到倾角较大的斜巷或梯子间时，往上爬时要一个一个地排好队，手要抓牢，脚要站稳，并注意不要碰及大块矸石或物料，以免滚落下来砸伤后面的工友。

（8）如果爆炸破坏了巷道中的照明和路标，迷失了前进方向时，逃生人员应迎着风流方向撤退。

（9）在撤退沿途，特别是巷道交叉处，应留设撤退方向的明显标志，以提示矿山救护队和其他救援人员的注意。

（10）在撤退时尽量注意弯下腰沿巷道下部前进，因为瓦斯密度较小，在巷道下部瓦斯含量较少。

104. 在安全地点避灾应注意哪些事项？

在爆炸事故发生后，如果往安全地点撤退的路线受阻，或者冒顶、积水使人难以通过时，不要强行跨越，应当迅速地就近选择地点妥善避灾待救。避灾地点应选择通风良好、支护完整的安全地点。

在避灾待救中应注意以下几点事项：

（1）在避灾地点外面构筑风障、挡板，留标记、衣服等物品，防止有害气体侵入，方便救援人员发现，或者利用一切可以利用的现场材料修建临时避难硐室，等待外面救援人员前来营救。

（2）在避灾待救过程中遇险人员要有良好的心理状态，情绪稳定，自信乐观，意志坚强，同时还要互相安慰，团结互助。

（3）避灾地点待救人员要尽量俯卧到巷道底部，以保持体力，减少氧气消耗和避免吸入更多的有害气体。如附近有压风管路或压风自救系统，应及时打开阀门放出新鲜空气或戴上呼吸器。但要注意防止压风过大，造成避灾地点温度过低。

（4）在避灾地点要尽量只使用一台矿灯照明，其余矿灯全部关闭。所剩食品和水要节约使用，做好长时间避灾的准备。

（5）在避灾地点外面留有衣物、矿灯等明显标志，以便救援人员容易发现，及时营救。

（6）有规律地不断敲击金属棚子、铁道、矿车、铁管或矸石等，向外发出求救信号。当外面传进寻找遇险人员信号时，要及时反馈回去，以便互相联系。

◎真实案例

某矿上山发生瓦斯爆炸，在迎头作业的6人被困，上山下部巷道塌冒无法撤出。他们立即用风筒布构建了两道风障，防止瓦斯和有害气体侵入。在避灾待救过程中，他们坚信矿上一定会千方百计将他们救出去，互相安慰，静等待救。1 h后矿救护队员赶到现场，对巷道塌冒处进行了处理，便继续往上山顶部寻找遇险人员。救护队员发现了风障，打开两道风障后，立即给遇险被困人员佩戴好自救器，护送他们安全脱险。

105. 爆炸时采煤工作面人员应如何自救互救?

采煤工作面发生瓦斯煤尘爆炸时，现场人员自救互救要注意以下几点：

1. 采煤工作面发生小型瓦斯、煤尘爆炸

当采煤工作面发生小型瓦斯、煤尘爆炸时，进、回风平巷一般不会被冒顶堵死，通风系统也基本保持完好。爆炸后产生的有害气体较少且较容易排除。这时位于爆源进风侧的人员一般不会发生严重中毒，应迎着风流方向撤离采煤工作面。位于爆源回风侧的人员，应立即佩戴好自救器，通过爆源或经其他安全通道迅速到达进风侧新鲜空气处。

2. 采煤工作面发生严重的瓦斯、煤尘爆炸

当采煤工作面发生严重的瓦斯、煤尘爆炸时，可能造成工作面和上、下巷道塌冒，通风系统会遭到破坏，爆源的进、回风侧都将积聚大量的一氧化碳和其他有害气体。这时，没有受到严重伤害的人员要佩戴好自救器，并帮助伤害较重的伤工戴好自救器。如果塌冒地段可以通过，灾区范围的人员都应立即撤离塌冒地段，撤到有新鲜空气处。如果塌冒严重无法撤出，应迅速进入安全地点避灾待救。在待救期间要随时注意附近情况的变化，发现有危险时要立即转移到其他安全地点。

106. 爆炸时掘进工作面人员应如何自救互救?

掘进工作面发生瓦斯、煤尘爆炸时，除造成人员伤亡外，还会造成灾区影响范围内巷道塌冒、通风设施和通风设备损坏、供

电中止、引燃局部通风机导风筒等情况。这时，现场人员自救互救要注意以下几点：

（1）为了抢救人员，排除爆炸产生的有害气体，要在查明确无火源的条件下，尽快恢复局部通风机通风；如不能确认灾区内有无火源，应慎重考虑是否启动局部通风机，以免再次爆炸。

（2）当独头巷道较长、有害气体较多、支架损坏较严重时，如果确认灾区内无火源和幸存者，严禁冒险进入强行救人。要在恢复通风、维护好支架后，方可进入灾区内营救人员。

（3）若灾区因爆炸引起冒顶堵塞巷道时，要立即退出，寻找其他巷道进入灾区。若遇独头巷道，应及时维护好巷道，清理堵塞物。若巷道堵寨严重，短时间内不能清除时，应恢复通风再进入。

（4）当爆炸发生后，灾区内存有明火或阴火时，应同时救人和灭火，并派专人严密监测瓦斯浓度，防止瓦斯积聚，造成再次爆炸。

（5）发生爆炸事故时，会大量消耗井下空气中的氧气，导致氧气浓度降低。现场人员在撤离灾区时一定要佩戴自救器。若没有佩戴有效的个人防护装备，不能随便进入灾区，否则将导致救援人员的自身伤亡，扩大事故。

◎真实案例

某村办煤矿发生瓦斯爆炸后，包工头匆忙带着瓦斯检测仪下井救人，因未佩用防护设备而造成一氧化碳中毒死亡；接着矿长又下井抢救，同样由于没有佩用任何防护设备，也造成一氧化碳中毒，但因及时被救出，幸免于难。

107. 什么叫煤与瓦斯突出?

煤与瓦斯突出是指在煤矿井下开采过程中，在很短时间内，突然由煤（岩）体内部喷出大量煤（岩）和瓦斯（二氧化碳），并伴随着强烈的声响和强大机械效应的一种动力现象。

◎真实案例

1975年6月13日22点40分，吉林某煤矿下山掘进工作面由于爆破诱发一次岩石与二氧化碳突出事故。突出岩石1 005 t左右，突出二氧化碳14 000 m^3 左右，二氧化碳逆风流扩展420 m，使井下14人窒息死亡。

108. 煤与瓦斯突出有哪些危害?

煤与瓦斯突出给矿井和现场作业人员带来巨大灾害。主要表现在以下几方面：

（1）煤与瓦斯突出事故发生时能突出大量煤（岩），造成掩埋人员、设备和堵塞巷道。

（2）使井下作业现场大范围内充满高浓度瓦斯，造成人员缺氧窒息甚至死亡，还可能引起瓦斯燃烧或爆炸。

（3）发生煤与瓦斯突出时，突出的瓦斯一般沿风流方向流动，但大型突出时可逆风流向进风井方向流动，后果更为严重。

109. 煤与瓦斯突出有哪些预兆?

煤与瓦斯突出的预兆包括无声预兆和有声预兆两种。

1. 无声预兆

无声预兆是指工作面顶板压力增大，煤壁被挤出，片帮掉渣，顶板下沉或底板鼓起，煤层层理紊乱，煤炭黯淡无光泽，煤质变软，瓦斯忽大忽小，煤壁发凉，打钻时有顶钻、卡钻，以及喷瓦斯等现象。

2. 有声预兆

有声预兆是指煤层在变形过程中发生劈裂声、闷雷声、机枪声、响煤炮，声音由远到近、由小到大，有短暂的，有连续的，间隔时间长短不一致，煤壁发生震动和冲击，顶板来压，支架发出折裂声，个别工作面突出前还会出现煤壁渗水、温度降低和有特殊气味等现象。

◎真实案例

1983 年 1 月 24 日 11 点 15 分，四川某煤矿集中带式输送机上山掘进施工时，因爆破引起特大煤与瓦斯突出事故，突出煤矸石量 5 000 t，瓦斯量 70 万立方米，34 名现场作业人员全部被突出的煤矸石堵在高瓦斯区内。他们采取了一系列的自救互救措施，在灾区里坚持长达 4 h，最后安全脱险。

当天作业人员下班走到上山下车场时，只听到像闷雷一样的一阵响声。随后，眼前黑烟滚滚，冲击波灌进他们的耳内，顿时什么也听不到了，大脑也失去了支配行动的能力。

由于突出的煤矸石堵住了通往地面的去路，而且突出的高浓度瓦斯不断涌向下车场，他们感到呼吸越来越困难。突然有人想到附近有两个压风管阀门。他们立即打开阀门，34 名工人围坐在压风管阀门周围，既没有惊慌失措也没有盲目行动。他们又通过附近的防爆电话向地面调度室呼救。这时，一个掘进副队长向大家讲安全知识，鼓励大家要有勇气克服困难。

地面救灾指挥部迅速调集了救援力量，90 min 内就用手镐刨开了一条高 0.4 m、长 10 m 的通道，并立即把自救器送进灾区给遇险者戴上，一个接一个地护送出 1 500 m 长的灾区，16 点 45 分，34 名遇险工人全部脱险。事故后验证，关闭压风管阀门后，遇险人员所处位置 25 m 范围内瓦斯浓度为 18%，经过 80 min 后瓦斯浓度上升到 37%，超过 25 m 范围达 61%。

110. 煤与瓦斯突出时为什么要佩戴隔离式自救器?

过滤式自救器受过滤药剂滤毒能力的限制，它只能在空气中一氧化碳浓度不超过 1.5%、氧气含量不低于 18%的环境中佩戴使用。而隔离式自救器本身能产生氧气供佩戴人员呼吸，所以，它不受外界空气中有毒气体的种类及其浓度和氧气含量的限制。发生煤与瓦斯突出后，高浓度的瓦斯立即充满巷道，这时，佩戴过滤式自救器是危险的。《煤矿安全规程》规定："突出矿井的入井人员必须携带隔离式自救器"。一旦发生煤与瓦斯突出，迅速打开外壳，佩戴好隔离式自救器，马上往安全地点撤退。

◎真实案例

1991 年 3 月 24 日 11 点 25 分，湖南某煤矿石门揭煤工程中因爆破误穿煤层引起煤与瓦斯突出。突出煤量约 1 945 t，阻塞巷道 300 m，涌出瓦斯沿巷道逆流 1 300 m。因为该石门的回风上山没有贯通，上部采煤工作面串联通风。在发生突出事故时，现场作业人员的自救器均未能做到随身携带、及时使用，使该工作面掘进工人和上水平回风流中采煤工人共 30 人全部遇难，重伤

1人，轻伤9人。

111. 为什么要预防延期突出？

有的矿井虽然出现了煤与瓦斯突出的某些预兆，但并不立即发生突出现象，要经过一段时间后才会发生突出，这种现象称为延期突出。延期突出容易使人产生麻痹思想，危害更大。对此千万不能粗心大意，必须随时提高警惕，注意预防延期突出带来的危害。现场作业人员要做到只要出现突出预兆必须立即撤退到安全地点，待确认不会发生突出后再返回现场进行作业。

◎真实案例

某煤矿掘进工作面在作业时，瓦斯涌出量突然增大，瓦斯报警仪发出报警信号，现场作业人员立即往外撤退。刚撤出10 m多远，瓦斯涌出量突然变小，报警信号停止。这时送餐的工人正好到达这里，于是现场作业人员便停下来吃饭、喝水，有的还返回迎头进行作业。就在这时候，突然发生了煤与瓦斯突出，造成多人死亡。

112. 出现煤与瓦斯突出预兆后如何安全撤退、妥善避灾？

出现煤与瓦斯突出预兆后，现场作业人员必须立即撤退到安全地点，如果安全撤退路线受阻，要妥善避灾等待救援人员的营救。在安全撤退、妥善避灾过程中要做好以下注意事项：

（1）现场作业人员要迎着风流沿避灾路线往矿井安全出口方向撤退。

（2）如附近设置有防突反向风门，要迅速撤退到附近的防突反向风门之外，把防突反向风门关好后继续外撤。

（3）如附近安装有压风自救系统，要立即躲到压风自救系统中待救。

（4）如附近设置有“救生舱”应马上进入“救生舱”避难。

（5）也可寻找有压风管路的巷道硐室暂避，打开压风管路或铁风管的阀门，形成正压通风，以延长避灾时间，并设法与外界保持联系。

（6）要避免在撤退时或避灾待救时发生金属物件碰撞产生火花，引发瓦斯爆炸事故。

（7）撤人安全距离与突出强度有关，要按照本矿防突措施的规定撤到安全地点。在一般情况下，大矿要撤到防突风门以外，小矿最好撤到井上。

（8）石门揭穿突出煤层最容易发生突出事故。在有突出危险的采掘工作面爆破时，必须采用远距离爆破，起爆操作地点必须设在进风侧反向风门之外的全风压通风的新鲜风流中或避灾硐室内。爆破地点距工作面的距离根据工作现场实际情况而定，一般不小于 300 m。

113. 煤与瓦斯突出自救互救时为什么要切断电源?

发生煤与瓦斯突出，应立即切断灾区电源，注意停电操作应由灾区以外配电点进行，以防断电火花引爆瓦斯或煤尘，对灾区进行全面侦察，发现火源立即扑灭，防止二次爆炸；恢复通风，清除堵塞物，迅速排除有害气体。

114. 什么是煤矿井下安全避险“六大系统”？

按照《国务院关于进一步加强企业安全生产工作的通知》关于“煤矿和非煤矿山要制定和实施生产技术装备标准，安装监测监控系统、井下人员定位系统、紧急避险系统、压风自救系统、供水施救系统和通信联络系统等技术装备，并于3年之内完成”的要求，逾期未安装的，依法暂扣安全生产许可证、生产许可证。

（1）建设完善矿井监测监控系统。煤矿企业必须按照《煤矿安全监控系统及检测仪器使用管理规范》（AQ1029—2007）的要求，建设完善安全监控系统，实现对煤矿井下瓦斯、一氧化碳浓度、温度、风速等的动态监控，为煤矿安全管理提供决策依据。2010年底前，全国所有煤矿要完成监测监控系统的建设完善工作。

（2）建设完善煤矿井下人员定位系统。煤矿企业必须按照《煤矿井下作业人员管理系统使用规范》（AQ1048—2007）的要求，建设完善井下人员定位系统，并做好系统维护和升级改造工作，保障系统安全可靠运行。2010年底前，中央企业和国有重点煤矿企业的所有煤矿要完成井下人员定位系统的建设完善工作；2011年底前，其他所有煤矿要完成井下人员定位系统的建设完善工作。

（3）建设完善井下紧急避险系统。2012年6月底前，所有煤（岩）与瓦斯（二氧化碳）突出矿井，中央企业和国有重点煤矿中的高瓦斯、开采容易自燃煤层的矿井，要完成紧急避险系统的建设完善工作；2013 年 6 月底前，其他所有煤矿要完成紧急避险系统的建设完善工作。

（4）建设完善矿井压风自救系统。突出矿井的采掘工作面要按照《防治煤与瓦斯突出规定》（国家安全监督管理总局令第 19 号）要求设置压风自救装置。其他矿井掘进工作面要安设压风管路，并设置供气阀门。2010 年底前，全国所有煤矿要完成压风自救系统的建设完善工作。

（5）建设完善矿井供水施救系统。2010 年底前，全国所有煤矿要完成供水施救系统的建设完善工作。

（6）建设完善矿井通信联络系统。煤矿企业必须按照《煤矿安全规程》的要求，建设井下通信系统，并按照在灾变期间能够及时通知人员撤离和实现与避险人员通话的要求，进一步建设完善通信联络系统。2010 年底前，全国所有煤矿要完成通信联络系统的建设完善工作。

115. 煤矿井下三级避险系统内容是什么？

煤矿井下三级避险系统包括以下内容：

第一级：利用个体防护设备，灾后人员迅速撤离灾害影响范围，到达安全避险地点。

第二级：在工作面附近设立可移动式救生舱或临时避难硐室，提供氧气、饮用水、一定数量食品，使逃生人员就近、快速进入安全避险环境。

第三级：在采区上、下山附近或井底车场建设固定式避难所，持续供氧、饮用水、食品，为采区或矿井避险人员提供避难空间。

116. 井下避难所（救生舱）的作用是什么?

井下避难所（救生舱）的作用主要是：

井下发生瓦斯爆炸、煤与瓦斯突出、火灾等灾害事故后，在逃生路线被阻，或所配备的自救器的防护时间不足以满足逃生要求时，为无法及时撤离的遇险人员提供一个安全的密闭空间，提供氧气、饮用水、食品，通信、检测设备，防止外界有毒、有害气体侵入，创造基本生存条件，等待外界救援。

117. 煤矿用移动式救生舱有哪几种?

煤矿用移动式救生舱分为以下几种：

1. 按结构分类

（1）硬体式。硬体式救生舱由金属等硬质材料制成，抵抗外力撞、刮、砸等性能较好；尺寸较大，移动时需考虑巷道净断面大小，且需铺设运输轨道；成本较高。如图4—1所示。

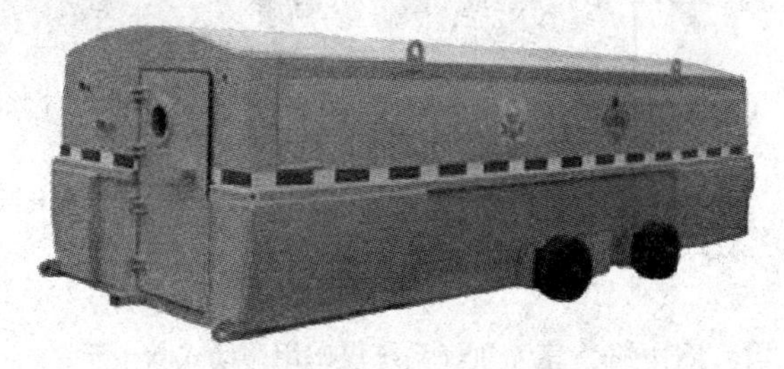

图4—1　硬体式煤矿用移动式救生舱

（2）软体式。软体式救生舱由帆布等软质材料制成，抵抗外力撞、刮、砸等性能较差，不适宜在顶板较破碎的巷道使用；尺寸较小、移动和安设快速、简单，成本较低。如图 4—2 所示。

图 4—2　软体式煤矿用移动式救生舱

2. 按供氧方式分类

（1）压缩氧气系统。采用预先制造好的氧气瓶中的压缩氧进行供氧。如图 4—3 所示。

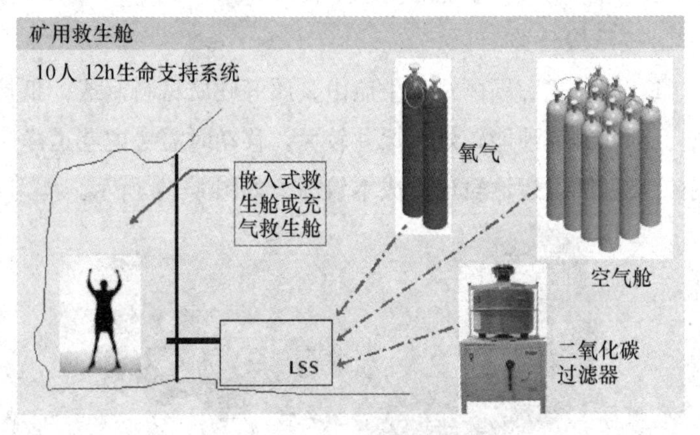

图 4—3　压缩氧气系统煤矿用移动式救生舱

（2）化学生氧系统。使用化学物质反应产生的氧气进行供氧，如图 4—4 所示。

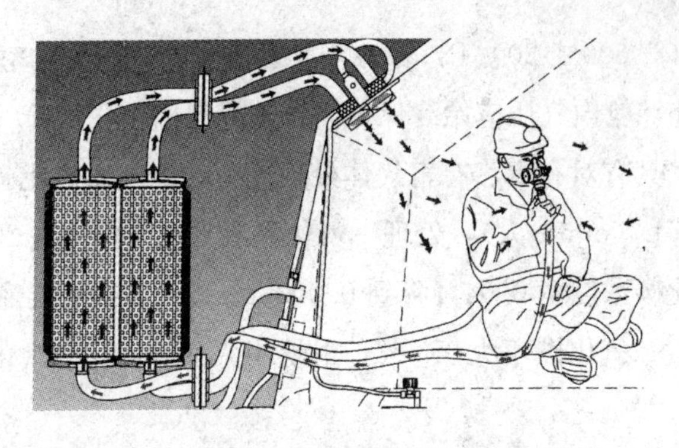

图 4—4　化学生氧系统煤矿用移动式救生舱

118. 煤矿移动式救生舱有哪些基本要求？

煤矿移动式救生舱必须符合以下基本要求：

（1）可靠的供氧系统：

1）氧气浓度：18.5% ～ 23.0%，供氧量不低于 0.5 L/(min·人)。

2）救生舱具有与矿井压风系统的接口，具有减压、消音、过滤装置和控制阀。

3）压风供氧速率：不低于每人 2.5 L/min。

4）连续噪声不高于 70 dB（A）。

5）出口压力不高于 0.2 MPa。

（2）在无任何外界支持的情况下，额定防护时间不低于 96 h。

（3）救生舱有效容积应保证人均占有容积不小于 0.8 m^3，且总容积不小于 8.0 m^3。

（4）救生舱有足够的气密性，能够防止有毒、有害气体侵入。在（＋500±20）Pa 压力下，救生舱的泄压速率不超过350 Pa/h，舱内气压应始终保持高于外界气压 100～500 Pa。

（5）具有对有毒、有害气体处理能力，处理二氧化碳能力不低于 0.5 L/(min·人)，处理一氧化碳能力应能保证在 20 min 内将一氧化碳浓度由 0.04%降到 0.002 4%以下。在整个额定防护时间内，二氧化碳不大于 1%，甲烷不大于 1%，一氧化碳不大于 0.002 4%。

（6）救生舱应选用持续耐高温老化、无腐蚀性、无公害的环保材料。

（7）舱体抗爆炸冲击力不低于 0.3 MPa。

（8）内外环境检测、人员定位与外界通信联络应对舱内、外的甲烷、一氧化碳等环境参数进行实时监测。实时监测井下人员进、出舱内、外的情况，应设置直通矿调度室的电话。

（9）食品、饮用水、垃圾处理。配备的食品发热量不小于每人每天 5 000 kJ。饮用水不小于每人每天 1.5 L。

119. 如何安装使用煤矿移动式救生舱?

救生舱的设置、安装、使用管理应注意以下事项：

（1）救生舱安设位置确定：

1）井下避难所应设置在矿井避灾路线上，应与井下作业人员分布相结合。

2）有突出危险煤层应符合《煤矿安全规程》和《防治煤与瓦斯突出规定》的要求。

3）依据自救器的防护时间和逃生行走难易程度确定救生舱

安设的位置。突出煤层掘进巷道长度及采煤工作面推进长度大于500 m时应在距离工作面500 m范围内建设临时避难硐室或安装煤矿移动式救生舱。其他矿井应在距离采掘工作面1 000 m范围内建设和安装。

（2）安装救生舱应保证巷道通畅，安全间距、风速等符合《煤矿安全规程》要求，有防爆炸冲击安全措施；安设在硐室的救生舱，硐室长度应符合《煤矿安全规程》要求。

（3）选择移动式救生舱，必须考虑设备入井运输、移动时的矿井条件，如罐笼尺寸、轨道等具体条件。

（4）矿井紧急避险系统（避难所和移动式救生舱）实施前必须根据矿井具体情况（生产系统、避灾路线、作业人员分布）进行设计。

（5）制定使用管理规程，加强日常维护、培训和演练。

120. 移动式救生舱如何使用?

以煤科总院JYR—8/100型移动式救生舱为例，救生舱的使用步骤如下：

（1）先将保险装置（门锁）打开，如图4—5所示。

（2）拉动启动手柄。

（3）救生舱全部展开进入工作状态（30 s）。

（4）向上拉起安全门，正压装置完全启动。

（5）依次进入救生舱，按编号位置坐在救生舱底部。

（6）有压风装置的直接采用压风呼吸。

（7）对应编号的呼吸半面罩摘下后戴上。

图 4—5　JYR—8/100 型移动式救生舱

（8）呼吸半面罩上有个能过滤一氧化碳等有毒气体的滤毒罐，使用时间是 30 min，戴上呼吸半面罩后，拉掉滤毒罐上的塞子，将上、下松紧带调整好，使半面罩紧贴脸部，大口呼三四次，然后进入正常呼吸状态。

（9）卫生设施——坐便器。

（10）手动式充气及充气管座。

121. 矿井火灾分为哪两大类?

矿井火灾指的是发生在矿井井下各处（如采掘工作面内、巷道内、硐室内和采空区内等）的火灾和发生在井口附近能够威胁矿井安全、造成损失的地面火灾。

矿井火灾可分为以下两大类：

1. 内因火灾

内因火灾指的是煤炭自燃。煤炭暴露于空气中，与氧气相结合，发生氧化并产生热量，当具备适宜的储热条件时，就开始升温，最终发生煤炭自燃。根据升温程度可以将煤炭自燃过程划分为升温期、自热期和燃烧期三个过程。在矿井火灾中内因火灾约占总数的 90%。

2. 外因火灾

外因火灾指的是因烧焊，电火花，瓦斯、煤尘爆炸，吸烟等外部原因造成的火灾。

122. 挖除火源时应注意哪些事项？

挖除火源指的是将已经燃烧的火源全部挖取出来。挖取火源后将火源送到附近水沟中浸灭，或放置在岩巷等附近无可燃物的安全地点，让火源自然、缓慢地熄灭。小矿井可以直接用铁车运送到井上。

这是一种最简单、最彻底的灭火方法，是消除矿井火灾隐患、减少火灾带来的危险及现场人员自救互救的可靠灭火方法，但是必须注意以下安全事项：

（1）挖除火源只能在人员能接近火源，且火势不严重的情况下使用。

（2）挖除火源前最好用水喷浇，使火源冷却后再逐步挖出。

（3）挖取和运送火源应使用不燃材料，如铁锹、铁车等，禁止使用木料制成的器具，以防止引发火灾。

（4）操作时要注意防止灼伤人员和点燃工作服。

（5）在有瓦斯的矿井中挖除火源时，必须随时检查瓦斯浓度和温度，防止引发瓦斯爆炸。

（6）挖出的空洞要用矸石等不燃材料充填起来，禁止用煤炭、木料和橡胶等物填塞，以防意外再次引燃。

123. 用水灭火的原理是什么？

水是成本最低、来源最广、操作简单、效果良好的灭火材料。用水直接灭火是发生火灾时现场作业人员应急自救互救广泛采用的方法。

用水灭火的原理是：

（1）水能浸湿燃烧物体表面，以吸热降温。

（2）水与火接触后能产生大量水点气，稀释空气中的氧气浓度，并使燃烧物体与空气隔绝，阻止其继续燃烧。

（3）水射流能压灭燃烧物体的火源。

◎真实案例

某年8月26日8时30分，河南某煤矿带式输送机高冒处发生煤炭自燃。当时铁棚以上煤炭已出现明火，棚梁上部的一根圆木已引燃一半，荆笆也被烧着，火渣掉到带式输送机上。他们采取用水直接灭火的方法，先用水冲刷带式输送机及着火点上、下20 m范围内的巷道四周，以防引燃。接着用钎子等工具向发火点捅下明火及高温煤，同时用水浇被捅下的高温煤，并用带式输送机及时运出。11时明火已被扑灭。为防止复燃，继续向下放高温煤，到12时，碎煤几乎全部被捅下，共运出39 t高温煤，直到见到顶板。事后对棚梁以上形成的长10 m、宽6 m、高9.5 m的空洞架设木垛进行刹顶。

124. 用水灭火的使用条件是什么？

用水灭火的使用条件是：

（1）明确火源位置且能够接近。

（2）火势不大，范围较小，对其他区域无影响，特别是对初始火灾更为有效。

（3）有充足的水源。

（4）火源地点瓦斯浓度低于2%，风流畅通，能将水蒸气排出。

（5）灭火地点顶板坚固，操作人员有支架作掩护。

（6）有充足的人力，可以连续灭火，但应特别注意通风设施开启的情况，要严格设专人检查瓦斯等气体和风流变化的情况。

125. 用水灭火有哪些注意事项？

用水灭火应注意以下事项：

（1）应有足够的水量。水量不足不仅难以灭火，而且可能贻误战机，使火势扩大，给现场灭火的人员造成危害。同时，少量或微弱的水流会在高温作用下分解成水煤气，形成爆炸性气体，可能引起爆炸和一氧化碳中毒事故，威胁灾火现场人员的安全。

（2）灭火操作时应从火源外围逐渐向火源中心喷射水流，不要把水流直接冲向火源中心，否则，生成大量水蒸气和溅出热的煤矸石碎渣，会烧伤灭火现场的人员。

（3）因为油比水轻，并且不易混合，所以不能用水扑灭油类火灾。否则，油会漂浮在水面上，火势越来越旺，而且随水流动而扩大火灾面积。

（4）因为水是良好的导电体，所以，不能用水扑灭带电的电气设备和电缆的火灾。这种情况下应该首先切断电源再去用水灭火。

（5）着火时岩石受高温燃烧膨胀，遇冷水后极易收缩而造成炸裂，形成冒顶、片帮。用水灭火要特别注意顶板的变化。

（6）在灭火过程中，应派专人随时检查瓦斯浓度和一氧化碳、二氧化碳含量。

（7）灭火地点应保证正常通风，使高温烟流和水蒸气直接导入回风系统中，以防烟流和水蒸气返回灼人。在任何情况下，灭火人员都应站在火源的进风侧。

126. 用沙埋方法灭火有哪些注意事项？

用沙埋方法灭火应注意以下事项：

（1）将沙子直接覆盖在燃烧物体上，将火源掩埋住，隔绝燃烧物体与空气的接触，使燃烧物体因缺氧使火熄灭。

（2）由于沙子不是导电体，并有吸收液体的作用，故可以用来扑灭包括电气火灾和油类火灾在内的各类初起火灾。

（3）最好不要用沙子扑灭正在运转中的机械设备的火灾，因为它的粒度较细，容易被风带走。

（4）在现场要用铁桶或用砖垒成方形池盛沙备用，在沙桶或沙池中不能掺入煤渣、报纸和废旧棉丝，不能被水浸湿，以免使用时影响灭火效果，甚至加大火势。

（5）千万注意不能用煤来掩埋火。

◎真实案例

1998 年 4 月 3 日 11 时 30 分，河南某煤矿电缆着火。一名现场工人跑到发火点发现电缆已烧断，电缆头还是红的。在距棚腿 20 cm 远的底板上，他急忙用手捧煤炭压火，不但压不住，反而越烧越旺，引发一场火灾事故，造成 14 人死亡。

127. 用干粉灭火器灭火如何防止堵管?

干粉灭火器具有便于携带、操作简便、灭火迅速等优点，可以用来扑灭包括油类在内的一切火灾。用干粉灭火器灭火应注意以下事项防止堵管：

（1）在使用干粉火火器时，为了防止堵管，应先将灭火器上下颠倒数次，使药粉松动，然后再缓慢启动高压瓶开关。上下颠倒时要紧握喷射胶管，防止喷嘴摆动伤人。

（2）若出粉，则可打开压气开关，否则，要立即处理堵管，然后才能使用。

（3）在灭火喷射时也应经常倒翻、振动机筒，以防堵管。

128. 用干粉灭火器灭火如何掌握距离?

灭火时，喷粉的喷嘴离火源的距离应根据火情而定。

（1）对于油类、电气设备的火灾，其距离可稍远一些，如果太近，粉流速度很大，可能会把燃油吹散，反而加快燃烧，或者药粉不能附着在燃烧设备的表面而影响灭火效果。

（2）对于煤或木材火灾，特别是燃烧较深、温度较高时，其距离可以近些，借助于高速粉流把药物射进燃烧物体内部，提高灭火效果。

129. 泡沫灭火器灭火有哪些注意事项?

使用泡沫灭火器时，先打开喷嘴，然后将灭火器倒置，内、外瓶中的酸性液体和碱性液体即可混合，发生化学反应，形成大量充满二氧化碳的泡沫，从喷嘴喷射出来，覆盖在燃烧物体的表面上，隔绝燃烧物体与空气的接触，使之缺氧而达到使明火熄灭的作用。同时，气泡破裂时还能散发出二氧化碳，也有助于灭火。

由于泡沫是导电体，不能用来扑灭带电的电气设备、电缆和变压器油等火灾。

130. 发现火灾时，现场人员为什么应及时扑灭初始火灾？

火灾一般都是由小变大的，而且这个过程要延续一段时间。在火灾初始阶段，其灾害程度、波及作用和扑灭难度都比较小，所以，这时进行灭火是消除火灾、现场人员实施应急自救互救的最佳时机。

现场人员是及时扑灭初始火灾的最佳力量。他们在现场能及时发现火情，能有效地将火灾扑灭在初始阶段。如果再等到向矿进行报告，矿再派遣救护人员下井往往就来不及了，小火变成大火，扑灭火灾的难度就更大了，甚至发生风流逆转或爆炸事故，损失就更加惨重了。

现场人员扑灭初始火灾的主要方法就是进行直接灭火。根据现场具体条件，可以采用喷射化学灭火器、用水灭火或用沙子覆盖火源等方法。

◎真实案例

某矿井下绞车房因绞车控制器短路引发火灾。起火不久，恰逢通风区和救护队的 4 名工人途经该处。4 人立即将绞车房电源切断，用绞车房里备用的沙子和黄土奋力灭火，同时迅速向矿报告。矿山救护队员接到矿指令后，带着灭火器材迅速赶到了现场。他们和矿山救护队员一起继续灭火，很快就将大火扑灭，避免了一次恶性火灾事故。

131. 在什么情况下应迅速撤离火灾现场?

矿井火灾发生后，火势很大，现场作业人员不能采用直接灭火的方法将火扑灭，或者现场不具备直接灭火的条件，应迅速撤离火灾现场。

◎真实案例

1999 年 2 月 11 日 19 时 45 分，河北某煤矿因电焊切割暗井井窝煤仓放煤漏斗，点燃漏斗背面可燃物，现场监护的两名工人未能及时发现火情，使火势扩大导致火灾。监护人员听到电焊工“着火了”的呼叫声后，立即下到井窝中救火，由于没有任何灭火器材，二人扑救没有效果。两位副矿长带领 4 名工人赶赴着火地点企图灭火，同样没有取得任何效果，火势迅速蔓延。20 时整，矿领导由地面组织人员利用沙、水、灭火器直接灭火，约 10 min 后将暗井井窝中的明火灭掉，但此时水平巷里的大火已经烧得很旺，水无法直接接触火点。无奈将 6 名位于上水平的遇险和救灾灭火人员提升上井后进行全矿井反风。这次火灾不仅导致 11 人死亡，而且因井下火势太大，无法扑灭，不得不隔离、封闭了矿井。

那两名副矿长带领 4 名工人在现场救火，因现场没有任何灭火器材，不仅灭不了火，反而造成自身伤亡，当时两名副矿长应该带领工人逃离现场，确保自身安全。

132. 撤离火灾区为什么必须立即佩戴自救器？

矿井火灾发生后，空气中会形成大量的一氧化碳、二氧化碳等有害气体，所以在撤离火灾现场时必须佩戴自救器。否则，可能使撤离过程中的人员中毒窒息甚至死亡。

◎真实案例

1994年8月3日22时36分，河南某煤矿带式输送机的高强胶带因底煤堆积严重，摩擦生热发生火灾，灾区的55人中有38人安全脱险。在死亡的17人中，仅有2人使用了自救器，而且，其中1人佩戴自救器后坐在井下现场不动，企盼矿上来人将其救出，未注意到该自救器的有效使用时间仅有40 min。还有个别工人甚至只带自救器外壳，目的是应付安全检查，致使发生事故后自救器不能使用。

133. 火灾发生后如何进行安全撤退？

火灾发生后进行安全撤退时应注意以下事项：

（1）在撤离火灾现场时，首先要判明和了解着火的原因、地点、范围和受火灾影响区域的通风系统等情况，按照《矿井灾害预防与处理计划》及现场实际条件，确定撤退路线。

（2）撤退时，在任何情况下任何人都不要惊慌失措，不能狂奔乱跑，应在班（组）长和有经验的老工人的带领下，有组织、有纪律地进行撤退。

（3）位于火源进风侧的人员，应迎着新鲜风流撤退。

（4）位于火源回风侧的人员，如果距离火源较近且穿越火区没有危险时，可迅速越过火区冲到火源的进风侧。

（5）撤退时应在靠近巷道有连通出口的一侧，以便寻找有利时机进入安全地点。

◎真实案例

1997 年 1 月 13 日 16 时，河南某煤矿由于通风上山电缆放炮引起火灾事故。

当时工作面有 16 名工人，发现烟雾后，进风巷中的 4 名工人先行撤离，在撤退时他们发现烟雾主要来自进风巷（运输平巷），但有冒落区难以通过，他们便返回。在返回途中遇到急忙往外撤出的 12 名工人。他们 4 人没有与这 12 名工人一起外撤，而是继续后退，其中 1 人顺着运输平巷往里跑，另外 3 人往工作面退去。

其他 12 名工人来到冒落区后，迅速排除堵塞物，往外撤到运输平巷。退回里面的 4 名工人却全部中毒死亡。当时整条运输平巷木支架已经着火，但是他们坚定信心，只有冲过去才能求生存。于是他们逆风一口气冲出 40 m 火区，到达火区外侧进风巷中。当 12 名工人到达人行斜井下部时，全部晕倒。他们遍体烧伤，后经紧急抢救，又到医院治疗，最后全部恢复了健康。

134. 在高温烟雾巷道中撤退时应注意哪些事项？

矿井发生火灾事故后，会产生大量的高温烟雾。烟雾的主要成分是一氧化碳，人吸入后会出现中毒、窒息甚至死亡；烟雾能阻挡人的视线，在撤退时容易迷失方向。同时高温烟雾会使人中暑、灼伤。所以，高温烟雾对人的健康和安全危害极大，给现场人员应急自救互救带来很大困难。

在高温烟雾巷道中撤退时应注意以下事项：

（1）在一般情况下不要逆烟雾、风流方向撤退，因为这样带有很大的危险性。在特殊情况下，如在附近有脱离灾区的通道出口又有把握脱险时，或者只有逆烟撤退才有求生希望时，才采取逆烟流方向撤退。

（2）当高温烟雾在巷道里流动时，一般巷道空间的上部分烟雾浓度大，温度高，能见度低，对人的危害也较严重，现场人员应急自救互救也较困难。而在巷道空间的底部有时还会有新鲜空气流动，情况要好得多。所以，在有高温烟雾巷道里撤退时，注意不要直立奔跑。在烟雾不严重时，应尽量躬身弯腰，低着头迅速行进。而在烟雾大、视线不清或温度高时，则应尽量贴着巷道底板及其一侧，摸着铁道、管道或棚腿等急速爬出。

（3）在高温浓烟巷道中撤退时，还应利用水沟中的水、顶板和巷壁淋水或巷道底板积水浸湿毛巾、工作服，或向身上洒水等方法进行人体降温，减小体力消耗；同时，还应注意利用随身物件或巷道中的风帘布等遮挡头面部，以防高温烟气的刺激和伤害。

135. 发生火灾后应如何避灾待救？

当发生火灾后现场人员无法撤出时，应当妥善避灾，积极待救。在避灾待救时应做到以下几点：

（1）当矿井火灾发生后，如果顺着风流方向或逆着风流方向撤退都无法避免火焰、烟雾可能带来的危害，或者撤退时遇到冒顶、积水，或因其他原因巷道阻塞、人员无法通过时，都应迅速进入避难硐室或救生舱。

（2）如果附近没有避难硐室或救生舱，应在烟雾袭来之前，选择合适地点，利用现场条件和材料快速构筑临时避难所，进行现场应急自救互救。

（3）撤到烟雾扩散不到的独头巷道中，利用工作服、风帘布等防堵烟气侵入。

（4）在避难待救时，要互相帮助，互相关心，注意少动静卧，稳定情绪，坚定信心，以减少避灾地点的氧气消耗和体力消耗，在任何情况下都要尽量避免深呼吸和急促呼吸。

（5）如果在避灾地点有仍在送风的局部通风机或压风机管道，或者附近有压风自救系统，要打开这些设施，呼吸新鲜空气。

（6）在避灾地点的外口或交叉道口，要留有文字、衣帽等明显标志，使矿救援人员能及早发现，尽早组织营救。

（7）在避灾期间要做好长期待救的思想和物质准备，要轮流使用矿灯，节约饮用食品，并注意保暖。

136. 发生火灾后应如何控制风流，减轻灾情？

矿井火灾发生后，现场人员应该利用附近的通风设施，实现局部反风、风流短路或增、减风量，达到减轻火灾危害的目的。如利用风门、防火门、调节风门、调节风窗、风帘、防火墙和局部通风机等，对火区的风流方向和风量大小进行调整控制，以便控制火势，接近火源，防止在高温烟火流经的巷道引发再生火灾，确保现场遇险人员的人身安全和更好地进行灭火。据现场实践证明，打开火区进风侧的旁路风门、风帘或者构建火区进、回风侧的临时风门、风帘，可以使进入火区的风量减小，达到减弱火势的目的。反之，会使火势加强。

但是，在减小风量能控制火势的同时，也会使火区瓦斯含量和其他有害气体含量增加，有引爆瓦斯的可能。

所以，现场遇险人员要全面、均衡地加以考虑。同时，还要随时注意观察巷道和风流的变化情况，谨防火风压造成的风流逆转。若遇大量烟气或风流逆转，使避灾地点受到威胁时，必须立即转移。

◎真实案例

1985 年 10 月 27 日 3 时 48 分，河南某煤矿由于地面高压线路出现故障，烧毁七井西下山水泵和局部通风机的电机，造成电缆着火，引发矿井火灾事故，由于现场人员采取应急自救互救措施，受困的 147 全部安全脱险。

当班七井西大巷 4 名掘进工人发现火情后，立即打电话告诉附近把钩工，把钩工又用电话报告了矿调度室。其中一名老工人对其他 3 人说："咱们不要慌，都用毛巾捂住嘴，手拉手跟着我走，外面一定有人接我们。"当他们接近火源时，他让大家用上衣裹住头部通过，在火源外侧新鲜空气处的 7 名工人，立即进行接应，使他们顺利地通过了火区，撤到了安全地点等待救援。

在待救时，这 11 名工人关闭了进风井井底防火门，减少了进入火区的风量，控制了火势，这一措施不仅是现场遇险人员应急自救互救的需要，也为矿山救护队进行灭火救人工作赢得了时间。矿山救护队到达现场后，将这 11 名工人营救上井。

随后救护队立即打开防火门，对火区加大风量，使火区进风侧浓烟大大减少，已经看到了巷道中木支架被烧毁 15 m，火势很大并且仍在蔓延，救护队立即采取用水直接灭火。

井下还有 136 人，他们原在六井大巷和工作面等处作业，火灾事故发生后，迅速集中到新鲜风流巷道中。因七井火灾未扑灭，人员不能马上上井，他们在避灾地点的外部打了一道风帘，免遭火灾烟雾和有害气体的侵袭。为了搞好应急自救互救工作，矿安监科长将共产党员、团员和有经验的老工人组织起来，成立了自救临时领导小组，向遇险避灾人员做思想工作，确保人人情绪稳定，遵守纪律，听从分配，并对负伤工人进行急救。经过 4.5 h 的努力，大火终于被扑灭，17 点 45 分被火灾围困在井下 14 h 的 136 名工人全部顺利上井。

137. 井底车场发生火灾时，现场人员自救互救应注意哪些事项？

井底车场位于矿井主要进风巷道，一旦着火，对整个矿井威胁极大，现场人员自救互救应注意以下事项：

（1）利用通往火源的一切道路，集中最大数量的人力和物力，特别要利用井底车场水源充足的条件，直接扑灭火灾。

（2）采用构筑临时密闭和挂风障等办法，减少流向井底车场火源处的空气量。

（3）采取矿井主要通风机反风或风流短路，使火灾烟雾直接排入总回风巷，积极抢救井下人员。

（4）井底车场着火后，禁止人员由进风侧接近火源，以防止由于火风压作用使风流突然逆转反向。

138. 井下硐室发生火灾时，现场人员自救互救应注意哪些事项？

井下硐室常安装机电设备和储存油料，容易发生机械摩擦着火、供电电缆着火和油脂着火等现象。

井下硐室发生火灾时现场人员自救互救应注意以下事项：

（1）井下硐室发生火灾时，现场人员应及时关闭防火门。若无防火门，应加挂风障，控制入风量。

（2）利用硐室里备用的沙子、灭火器和水管进行直接灭火。

（3）当绞车房着火时，应将火源下方的牵引矿车固定好，防止烧断钢丝绳造成跑车事故。

（4）当蓄电池电机车车库着火时，必须切断电源，采取措施防止氢气爆炸，如停止充电、加强通风、及时把蓄电池电机车运到硐室外等。

（5）当火药库着火时，首先将电雷管运出，然后将其他爆炸材料运出，如因高温来不及运出时，则应关闭防火门。

（6）着火硐室位于矿井总进风道时，应采取全矿井反风或缩短风流的方法。

（7）着火硐室位于矿井一翼或采区总进风流所经两巷道的连接处时，应采取短路通风或局部反风。

139. 井下巷道发生火灾时，现场人员自救互救应注意哪些事项?

井下巷道发生火灾时现场人员应根据不同条件进行自救互救：

1. 倾斜巷道发生火灾

当倾斜巷道发生火灾时，应利用中间巷道接近火源进行直接灭火。若需从下向上灭火时，应采取措施（如设置保护挡板等）防止冒落矸石和燃烧物掉落伤人。

2. 独头巷道发生火灾

（1）当独头巷道发生火灾时，要保持原通风状况不变，即局部通风机已经停止运转的不要随便启动，局部通风机开启的，不要盲目停止。

（2）如果瓦斯含量超过 2%，则不得进行直接灭火。

（3）在独头巷道着火后，现场作业人员无法撤退时，应在保证安全的前提下，尽一切可能迅速拆除引燃的局部通风机风筒，拆除部分地段木支架（不至于引起冒顶）及一切可燃物，形成一个隔离地带，以切断火灾向遇险人员聚集地点蔓延的通路，然后立即用风障等封闭巷道，构筑临时巷道封闭，构筑临时避难所，防止有害气体侵入。

（4）若火烟通过局部通风机被压入人员聚集的巷道时，应立即将局部通风机风筒拆除。

3. 井下巷道电缆着火时

井下巷道电缆着火时，应迅速切断电源，并立即截断着火电缆，防止延燃；同时将接触着火电缆或着火电缆附近的可燃物清除到远处，防止引燃可燃物，扩大灾情，然后进行直接灭火。

◎**真实案例**

1984年2月24日4点30分，河南某煤矿22231巷道刮板输送机液力联轴节冒火，点燃了油垢、煤和杂物，引起火灾。

火灾发生后，正在井下睡觉的输送机司机被烟熏醒，发现机头处一片火光，立即脱下棉背心用力扑打，但无效。于是仓皇跑出，到工作面运输平巷叫人停电灭火。在此之前，掘二队一名机电工在联络巷嗅到了烟味，打开第一道风门发现烟雾，打开第二道风门时，就觉得烟雾逼人，呼吸困难。他发现局部通风机正在启动吸烟，为了保证掘进工作面作业人员安全，他果断地关闭了第一台局部通风机。这时他已不能冲出火区，退而关闭第一道风门，又停止第二台局部通风机运转，以此来迫使掘一队和掘二队因发现烟雾，停止送风，从而及时撤离危险区。之后他又跑到变电所切断了掘一、掘二和开拓队的电源，使他们急速撤离现场。当机四队一名机电班长发现火情后，立即叫变电所值班员坚守岗位，切断开拓二队电源，并把井下发生火灾的情况报告矿调度室，他又急速冲入采煤工作面叫人撤离。被火烟包围的采煤工作面共有21人，12名身体好的工人冲出了危险区外，还有9名工人被围困在火烟区内。

9名工人在驻矿安监处副处长和矿安检员的统一组织下，开展应急自救互救工作。先将人员转移到采煤工作面回风巷的风门以外，并停开原生产期间为加大风量用的局部通风机，以降低高负压区。然后立即用衣服等物，将风门严密封闭，消除负压，使这一区域形成稳流，以防止火烟往采煤工作面急速流动，保存巷道中间有限的新鲜空气。为了避免氧耗量增加，要求大家静止待命，节约矿灯电量，并商讨脱险之计。当大家急着要由回风流强行撤退时，副处长提出“不能冒险、盲目撤出!”他先派 2 人侦察，发现烟雾浓，温度高，不能外撤，被迫返回，因此，大家撤返到密闭处等待救援。当他们发现烟雾逆退时，便将回风侧的三道灭尘水幕打开，达到降温、隔绝烟雾逆流、消烟和吸收二氧化碳的目的。6 点 30 分，遇险人员心急难耐，于是重新将风门打开，发现无烟雾，人员便进入采煤工作面，边行进边侦察。到达机头处用电话与矿调度室取得了联系。调度室立即通知井下救援基地派救护队员急速前去营救，由于领取的自救器不足，当第一批 6 人被营救出后，一名老救护队员与暂未撤出的 3 名工人一起，并通过敲击铁管传递信号，等待救护队第二次前来营救。8 点 30 分所有遇险工人全部安全脱险。

140. 在火灾中发现有爆炸危险时，应注意哪些事项?

矿井火灾可以成为瓦斯、煤尘、水煤气等爆炸的引爆火源。在矿井发生火灾时，现场人员除了应该注意火灾事故的应急自救互救事项外，还应高度警惕防止爆炸事故的发生。

（1）在灭火时要随时观察煤尘的大小，检测瓦斯含量，观测水煤气的形成，防止发生爆炸。

（2）在安全撤退和妥善避灾时，当发现巷道内的风流出现短暂的停顿或颤动（与火风压可能引起的风流逆转征兆有些相似）等征兆时，如有可能，要立即避开爆炸的正面巷道或进入躲避硐。

◎真实案例

某年4月11日0时53分，江西某煤矿掘进工作面爆破后发生火灾。经矿山救护队员4次直接灭火，明火全部被扑灭。当时因局部通风机风筒被烧毁，迎头瓦斯浓度为8%～10%，棚顶仍有厚约0.3 m的青烟，说明巷道里的隐蔽火源继续存在，并随时有蔓延扩大的可能。救护队员第五次进入灾区洒水灭余火。在洒水时，余火露出，引起瓦斯爆炸，共死亡25人，伤16人。

第六章　透水现场自救互救知识

141. 透水后现场作业人员自救互救有什么必要性？

矿井一旦发生透水灾害，可能造成井下人员伤亡的严重后果。在一般情况下，透水初期波及范围小，对井下人员威胁较小，抓住有利时机，利用现场的有利条件，积极采取自救互救活动，是保证现场作业人员安全脱险的最好方法。另外，即使不能安全脱险，也对保证被水围困的人员自身安全和配合矿救护人员的抢救工作具有十分重要的意义。所以，在矿井透水后进行应急自救互救，是煤矿安全工作的重点之一，是十分必要的。

矿井透水对矿山安全和工人生命的危害与矿井爆炸、火灾的危害有所区别，矿井透水后现场作业人员开展自救互救成功率较高。这些区别主要表现在以下几方面：

（1）透水淹死人主要是人体进入大量水后堵塞气管，造成窒息，它的伤害较为缓慢，逃生机会较多；而瓦斯、煤尘爆炸的冲击波直接使人受到伤害，是非常剧烈的，往往来不及躲避。

（2）透水后，水对矿井巷道、硐室和采掘工作面的蔓延，往往留有一定空间，这些空间提供大量氧气，经常成为被困人员生存的空间；而瓦斯、煤尘爆炸，火灾所产生的有害气弥散在所有空间，被困人员常因缺氧中毒死亡。

（3）被水围困人员可以通过饮用一定量的水，使人的生命可以维持相当的时期；而被瓦斯、煤尘爆炸，火灾围困人员却没有这个生存条件。

◎真实案例

2010 年 4 月 6 日在被困 179 h 后，山西某煤矿“3·28”透水事故首批 9 名被困人员成功获救；13 h 后，又有 106 名被困工人被救出井。整整 8 天 8 夜，115 人积极开展自救互救，终于成功获救！

142. 发生透水预兆，现场作业人员应当如何处理？

煤层和岩层透水前，一般都会有某些预兆。因此，《煤矿安全规程》规定：“发生透水预兆时，必须停止作业，采取措施，立即报告矿调度室，发出警报，撤出所有受水威胁地点的人员。”煤矿井下现场作业人员必须熟悉这些预兆，当现场出现预兆时，当机立断采取有效措施，迅速撤出透水危险区，确保透水事故发生时现场作业人员的生命安全。

◎真实案例

2003 年 4 月 16 日 17 点 18 分，湖南某煤矿石坝井－160 m

水平老水仓扩容掘进工作面发生透水（泥）事故，突出黄泥和水约 2 400 m^3，淹没巷道约 400 m，－160 m 水平大巷、水仓和泵房均被黄泥填满。造成在 2322 工作面作业的 16 人窒息死亡，1 人失踪。

4 月 15 日中班工作面爆破后，剩余岩柱减少至 0.3 m 左右，岩石强度减小；16 日早班工作面渗出黄泥和水，并出现岩石断裂的响声。发现透水（泥）预兆后，本应停止受水害威胁的所有作业区域内的生产，立即采取有效措施排除事故隐患，但是，矿上只停止了掘进工作面的生产，而没有停止受水害威胁的 2322 工作面的生产。

16 日 9 点 30 分，工作面有 1 个炮眼出泥水，挤出的泥水比较硬，约 2 簸箕。现场人员改为“不打眼”而出矸石，1 名工人用一块 15 kg 重的石头堵住突泥孔，结果被推了出来，突出黄泥增至 2 t 左右。11 点 40 分工作面里面发出响声，此时黄泥已突出 5 t 左右并伴有水，现场作业的 4 名人员迅速撤出，矿上决定停止工作面掘进。

16 日中班受水害威胁的采三队照常下井采煤，16 点 30 分左右作业人员到达工作面开始作业，17 点 18 分左右从－160 m 水平老水仓方向冲出黄泥和水，数分钟内将巷道堵住，井下停电，采煤三队 19 名作业人员和 1 名安监人员除 3 人安全撤出外，其余 17 人遇难。

143. 发生透水时，现场人员如何迅速撤离？

当矿井发生透水事故时，现场作业人员要采取一切措施迅速撤离灾区到达安全地带或撤至井上。

（1）现场作业人员在钻眼时，发现钻孔中意外出水，要立即停止钻进，切记不要把钻杆拔出，并及时向矿调度室汇报。

（2）在透水危及现场作业人员安全时，应迅速撤离灾区，并关闭有关巷道的水闸门，按照“矿井灾害预防和处理计划”中规定的发生水害时的安全避灾路线，并结合现场的实际情况选择距离最短、安全条件最好的路线撤离。在撤离途中要有组织有纪律，服从现场班组长和老工人的指挥。在撤退路线应留有前进的标记，特别是三岔口。

144. 发生透水时，现场人员撤离灾区应注意什么事项？

透水时安全撤离时应注意以下几点：

（1）在突水迅猛的情况下，现场作业人员应避开水口和水流，迅速躲避到附近硐室内、拐弯巷道或其他安全地点。

（2）在透水时水流急速来不及躲避的情况下，现场作业人员应抓住棚子或其他固定物件，以防被水流冲倒、卷跑；附近没有棚子或其他固定物件时，现场作业人员应互相手拉手、肩并肩地抵住水流。

（3）如果矿井透水的水源为采空区积水，使灾区有害气体浓度增加时，现场作业人员应立即佩戴自救器。

（4）在正在涌水的巷道中撤离时，应靠近巷道的一侧，抓牢巷道中的棚腿或棚梁、水管、压风管、电缆（断电）等固定物件；尽量避开压力水头和水流；注意防止被涌水带来的矸、木料和设备等撞伤自己。

(5) 双脚要站实踩稳，一步步前进，避免在水流中跌倒。万一跌倒，要两手撑地，尽量使头露出水面，并立即爬起。

145. 发生透水时，现场人员应向什么方向撤离？

透水时安全撤离应注意以下方向：

(1) 在条件允许的情况下，应迅速撤往透水地点以上的巷道，而不能进入透水地点附近或透水地点的下方独头巷道。

(2) 如果在撤退途中迷失方向，且安全标志已被水冲毁，一般应沿着风流通过的上山巷道撤退。

(3) 当矿井透水涌入独头上山的下部时，在万不得已的情况下，现场作业人员可以撤至未被水淹的上山上部。但必须注意该上山上部不得与其他巷道连通或漏气。

(4) 在矿井发生透水事故时，应及时将撤退的人员、路线等情况向矿调度室报告。

◎真实案例

2006年5月18日20点30分，山西某煤矿发生透水事故，涌水很快淹没了整个矿井。当班下井266人，出井210人，56人被透水围困遇难。在出井的现场作业人员中，有58人是在透水后通过应急自救互救成功撤离灾区安全脱险到井上的。

第一批：当水涌下来时，有6名井下开车运煤的司机，他们凭经验逃生，顺着运煤上山的带式输送机迅速撤退到了地面。

第二批：王×是个有着十多年下井经验的老工人，是他带领47名矿工打通密闭墙，从临近的另一煤矿安全逃生。矿井透水后，王×等人慌乱地往外跑，企图通过储煤场向井口逃生，但跑到储煤场，见到储煤场被水淹了一大半，无法前进。他们一连砸了好几辆三轮车，将车轮铺在水面当浮桥，想踩着车轮向井口方向靠近，但是车轮一被扔入水中，瞬间便被冲跑了。又有人试图拽着电缆求生，但没走多远，水就没胸深了。王×凭着丰富的井下经验，对大家喊：找没水的巷道跑吧！王×带领大家沿着高处往相反方向逃跑，跑了半个多小时，被一道密闭墙挡住去路。他们捡起巷道中的一截木柱，向密闭墙上猛力撞砸，大约 10 min 后，厚约 50 cm 的砖墙被撞开了一个仅容 1 人钻过的小洞。工人们在王×的指挥下，有秩序地通过小洞，进入了另一条巷道。同样，他们在撤退途中相继撞开另外两道密闭墙，顺利地进入了相临煤矿，从相邻煤矿的风井逃到了地面，就这样 47 人在 3 h 内，奔走 30 多公里路程终于安全脱险。

第三批：就在王×带领大家逃生的同时，一个同样有看十多年井下经验的老工人黄×正在带领着另外 4 名工人奋力逃生。黄×知道透水后只有顺着风流走，才能到达安全地带，于是 5 个人顺着风向跑。半个小时后，看到巷道底板上有杂乱的脚印、丢弃的矿灯和安全帽等物，他们猜想前面一定有人在逃生，便继续往前跑。在逃跑途中又看到王×等人打开的密闭墙，信心更足了，他们沿着王×等人逃生的路线前进。在快到达地面时，他们钻进了另一条巷道，从另一煤矿的风井成功地逃离了井下。

146. 矿井透水现场人员被围困时，应如何自救互救？

矿井透水后，当现场作业人员撤退路线被涌水阻挡去路时，或者因水流凶猛而无法穿越时，应选择离安全出口井或大巷最近处、地势最高的上山独头巷道暂避；迫不得已时，还可爬上巷道顶部高冒空间，等待矿上救援人员的到来，切忌采取盲目潜水逃生等冒险行动。

◎真实案例

2007年8月16日4点50分，江西某煤矿北大巷档头发生透水事故，造成矿井南翼作业的14名矿工被困。

煤矿安全培训使矿工掌握了自救互救常识。现场矿工发现被水围困后，立即自动撤离到相对高的巷道内等待救援，没有1人溺水。为了保存体力，被困矿工自觉捡到井下的苹果皮、花生壳等食物和水食用；保持一盏矿灯照明，其余矿灯关闭，保证需要时有矿灯应急；保持安静，保存体力。当发现水位迅速下降时，判断地面在组织救援，增强了信心。被困矿工与外部救援人员密切配合，得以全部提前安全上井。

147. 被透水围困时，现场人员应注意什么？

被透水围困时，现场人员在自救互救中应注意如下几个问题：

（1）对避灾地点要进行安全检查和必要的维护。支护不好、插背不严的要利用附近材料处理好。还应根据现场实际需要，设置挡帘、挡板或挡墙，防止涌水和有害气体的侵入。

（2）进入避灾地点以前，应在巷道外口留设文字、衣物等明显标记，以便于矿救援人员能及时发现和组织营救。

（3）在避灾地点进行避灾待救时，应间断地、有规律地敲击铁管、铁轨、铁棚或顶、底板等物体，向外发出求救信号。但要注意避免因敲击引起坍塌和垮落。

（4）如果避灾地点没有新鲜空气，或者有害气体大量涌出，必须立即佩戴自救器。附近安装有压风自救系统，应及时打开自救系统进行呼吸；如果附近无压风自救系统但安装有压风管，应及时打开压风管阀门，放出新鲜空气，供被围困人员呼吸。

（5）注意避灾时的身体保暖。如果衣服被浸湿应该将其拧干，同时将双脚埋在干煤堆中保暖；若多人同在一处避灾，可互相依偎，紧靠着身体来取暖，打开压风管阀门处，应注意被围困地点的温度不要太低。

（6）在被围困期间，遇险人员可以在积水边缘放置一大块煤矸或其他物件作为水情标志，随时观察积水区水位的上升和下降情况，及时推测矿上抢险救灾的进展情况。

148. 被透水围困时，现场人员饮食应注意什么？

被透水围困断绝食物来源后，现场人员在饮食时应注意如下几个问题：

（1）水中虽然没有营养价值的东西存在，但人在断绝食物来源的情况下，喝水可以促进人体内新陈代谢，消耗体内自身存储的糖、脂肪和蛋白质，以维持人体的能量供给。

要少饮或不饮不洁净的矿井水，特别是不能饮用老空区水，以免中毒。需要饮水时应选择适当的水源，并用干净衣巾、布匹过滤。

（2）有的人嚼煤块、啃木料，有的人撕吃棉花、布料、纸团、胶管、胶带等。这些东西吃下去以后，当时能把胃支撑起来，可减少饥饿的痛苦。实际上这些东西并没有人体所需要的糖、脂肪和蛋白质，毫无营养价值，吃下去后根本消化不了，也不被人体所吸收。因此，吃这些东西有害无益，吃多了后果不堪设想。

（3）在断绝食物的情况下，开始的两、三天还可以忍受，但到四、五天后就会感到饥饿难忍。为了减少饥饿的痛苦，被困人员往往饥不择食，食不厌饱，什么东西尽量往肚子里填，这是十分危险的。

绝对不能饮食过量和腐烂物品。

◎真实案例

河南某煤矿 13 名工人在井下生存近 100 h，山西某煤矿的 2 名工人在井下生存 16 天，山东某煤矿的 2 名工人在井下生存 23 天。据调查，1949 年被矿井水围困在井下 32 天，安全救出后的湖南某煤矿的 3 名工人是我国矿井水灾事故中被围困的时间最长而脱险的实例。以上各例存活人员都未吃食物，只喝适量的水，被救出来后经医治均安全脱险。

149. 透水后为什么要有组织地撤退？

透水发生后，井下现场情况变得更加复杂，迫切需要在撤退灾区时有组织地进行。

（1）现场作业人员素质参差不齐，有的工人没有经验，缺乏自救知识，体质较差，防灾心理不强，确需有经验、有知识的人去引导他，身体强壮的人去帮助他，心理素质健康的人去开导他。

（2）现场灾情变化很大，在撤退时需要群策群力，充分发挥每一个工人的智慧和力量，战胜艰难险阻共同成功脱险。

（3）在透水撤退时，要充分体现“以人为本”思想，不能丢下一个人，团结一致，共克难关，最后上井时“不差人”。

《国务院关于进一步加强企业安全生产工作的通知（国发〔2010〕23号）》中强调：企业主要负责人和领导班子成员要轮流现场带班。煤矿、非煤矿山要有矿领导带班并与工人同时下井、同时升井，对无企业负责人带班下井或该带班而未带班的，对有关责任人按擅离职守处理，同时给予规定上限的经济处罚。发生事故而没有领导现场带班的，对企业给予规定上限的经济处罚，并依法从重追究企业主要负责人的责任。在实施自行脱险时，要有组织、有纪律地进行。带班矿领导和现场班组长、安全员要统一指挥，群策群力、携老扶弱，互相帮助，确保每个被困人员都能撤离灾区。

◎真实案例

2005年4月24日早晨，吉林某煤矿井下69名上三班的工人正在正常作业，一场突如其来的灾难瞬间降临到他们头上。由于相邻的煤矿违规开采，致使聚集在附近老空区的几万立方米积水涌入该矿井下，69名矿工被推到了生死边缘。

在事故发生后的27 h，即4月25日上午10时救援工作取得突破性进展，有39名被困矿工获救生还。煤矿带班副矿长和安全员在困难和危机面前保持冷静，及时组织井下矿工撤离和自救，为他们脱离险境赢得了宝贵时间，坚持矿长带班制度为井下被困矿工开辟了一条求生的“绿色通道”。

150. 被水围困人员如何做好较长时期不能脱险的思想准备?

被水围困人员要做好较长时期不能脱险的思想准备，主要做好以下几方面事项：

（1）注意节省使用矿灯。若多人同在一起避灾，可只使用一盏矿灯照明，熄灭其他矿灯，以保证灾区尽量长时间有照明。须知，对于被围困在黑暗矿井深处的人员，照明就是希望，就是信心!

（2）随身所带食物要匀着吃，遇有食物不能暴饮暴食。

（3）要平卧在地，不急不躁，避免体力的过度消耗。

（4）要统一指挥，一致行动，团结互助，互相关心，互相劝慰。

（5）思想一定要镇静，相信矿上领导和其他工友一定会千方百计地抢救自己，并一定能安全脱险。

◎真实案例

1998年5月20日20点30分，内蒙古某煤矿发生地面洪水溃入井下的透水事故。井下绞车司机杭×见洪水涌入后，立即用电话通知正在采煤作业的12名工人撤离了现场。

汹涌的水浪把杭×冲到一条斜巷的尽头，他顺势登上一块水没漫着的高地避灾。他脱下毛裤拧干了水披在肩上，并把双脚埋在煤里保暖。为了节省矿灯电量，他暂时拧灭了矿灯。饿了啃木棚子的树皮，渴了喝井下水。他还搬来一大块煤块放在水边，用来观察水位的变化。由于巨大的水流将斜巷里原有的空气全压到了这里，尽管外面的水位仍在上涨，甚至超过了斜巷中水位，但斜巷的独头部分巷道因压缩空气的反作用，水位不再上涨，里面有氧气供他呼吸，这便给杭×留有生存的空间。

开始几天，他见水位没有下降，曾经想到了自杀，但求生的欲望终于战胜了一切。最后用来充饥的树皮也被剥吃光了，为了生存，他把站在水中的骡子给淹死了，开始用自己的眼镜片割骡子肉吃……到 6 月 23 日矿上救灾指挥部组织全力将矿井积水排干后，救护队员在寻找遇难人员时发现了他，并迅速将他救出了矿井。当时杭×已经瘦得皮包骨头，原来 62 kg 的体重减到了 41 kg。在一个与外界完全隔离、被大水淹没的矿井里，杭某居然存活了 34 天，创造了人类生存史的奇迹。

151. 矿井溃决、淤堵事故有哪几种类型?

矿井溃决、淤堵事故有以下 5 种类型：

(1) 井下石灰岩溶洞中黄泥、碎石等充填物突出充填井巷。

◎真实案例

1980 年 9 月 23 日，湖南某煤矿掘进迎头因遇石灰岩溶洞，揭露一条 0.2 m 宽的裂缝，中间夹带黄泥。8 时 30 分，大量黄泥鼓破岩石突出，瞬间充填大巷 70 多米，突出黄泥 650 m^3，多名现场作业人员披淤堵在里面。

(2) 地面淤泥、河沙等从采煤塌陷区裂缝中馈入井下巷道。

◎真实案例

1965 年 7 月 31 日，江苏某煤矿采煤工作面上部的一层 40 m 厚的冲积流沙层暴露在地表，由于雨水的作用，由顶板从采空区冲下，20 min 时间内，就淤堵巷道 1 440 m。

（3）煤层顶部有含水、含泥沙层，开采后黄泥浆等溃入井巷。

◎真实案例

某年4月，河南某煤矿煤层老顶上部的含水砾岩和泥岩层，突然溃决，不少工人踏着厚50～60 cm的泥浆冲出采区，有7名工人被泥浆冲倒，其中5名倒在采区出口10 m处，被抢救脱险，另2名工人经数小时抢救后，一人脱险，一人因淤埋致死。

（4）上部煤层开采时防灭火灌浆而形成的泥浆溃入下部采掘工作区。

◎真实案例

新疆某煤矿因灭火注入水泥，形成一隔水层。再加上漏水，逐渐在此形成不易脱水的泥浆库。在下部综采工作面开采时，由于隔水层垮落，泥浆于1994年11月26日7点30分突然溃入井巷，淤堵了整个工作面，淤塞巷道总长度367 m，总溃入泥浆2 871 m^3。在此区域的现场作业人员除1人脱险和1人重伤外，其余17人均被淤埋在泥浆中死亡。

（5）其他。例如矿井发生水灾事故后，涌水带着煤泥、矸石和其他杂物流动，使井巷被淤堵，或者煤被采掘出来以后，未能及时运出，由于淋水下滑或因外力作用突然下滑，淤堵巷道，掩埋人员。

152. 发现井下泥石流溃决预兆应如何处置?

（1）井下泥石流溃决预兆：

1）掘进工作面迎头的裂隙或炮眼中有黄泥浆流出。

2）掘进工作面接近断层带或剧烈褶皱带，而且岩石破碎、岩溶发育或炮眼中有黄泥浆流出。

3）顶板压力加大，淋水剧增。

（2）发现井下泥石流溃决预兆处置方法：

遇到这些预兆，必须坚持“有疑必探，先探后掘”的原则。在钻探时必须上、下、左、右、前五个方向都布置探眼。在确认前方有岩溶突泥危险时，要采取严密的安全措施，把岩溶泥泄放出来，或者封闭原掘进工作面迎头，绕过溶洞另开巷道前进。

153. 矿井溃决、淤堵时自救互救有哪些注意事项？

（1）矿井发生溃决事故后，现场作业人员要尽快寻找其他安全通道撤出。在唯一出口被淤堵无法撤退时，要进行灾区避灾自救互救，等待矿上救援人员的营救，切忌盲目行动。

（3）由于巷道淤堵，可能造成被围困地点空气稀薄，氧气不足，有害气体增多，在避灾时必须佩戴好自救器。

（4）在现场作业人员被淤堵进行撤退时，巷道中如有煤矸、泥流，应该在煤矸、泥流上面铺以竹笆或木板等以防两脚陷入其中。

（5）在抢救被泥石流淤堵的人员时，互救人员必须切实保证自身的安全，特别是由下往上清理淤泥时，应制定可靠的措施，如设挡板等。

154. 岩溶溃出有哪些危害特征？

岩溶溃出对矿井安全和工人生命危害极大，主要有以下三个显著特征，在现场作业人员应急自救互救时应给予高度重视：

（1）岩溶、泥浆溃出时压力非常大。泥浆砾石溃出事故时能把 800 多公斤重的砾岩块，从采区的下部往上冲出 20 多米。

（2）岩溶、泥浆溃出后淤堵巷道严重，造成现场作业人员没有安全撤退路线。

◎真实案例

1995 年 2 月 15 日 19 时 38 分，河北某煤矿 0335 工作面发生一起水、煤矸石混合物突然溃决的特大事故。水、煤矸石涌出量 2 000 t，淤堵巷道 250 m，造成 12 人死亡，2 人轻伤。

（3）岩溶、泥浆溃决事故不是发生一次后就不再发生了。由于高压岩溶、泥浆未得到彻底释放，所以一有条件便仍可继续溃决。湖南某煤矿在底部茅口灰岩中掘进巷道的 20 年时间内，就发生岩溶突泥事故几十次。河南某煤矿仅从 1977 年 2 月至 10 月份，就连续发生泥浆、砾石溃决事故 7 次。两次溃决事故时间间隔有的仅一天，距离仅 50 m。

（4）岩溶、泥浆溃决事故大多发生在掘进迎头，但是也有的发生在掘进后方。所以必须采取有效防护技术，堵住可能溃决的一切缺口。

155. 为什么长期被水围困人员获救后要格外小心？

由于长期被水围困的遇险人员生存在灾区时间较长，而灾区环境与地面或井下其他正常地点截然不同，加之饮食不足，往往形成体温低、脉搏和血压不正常，所以获救后必须对遇险人员格外小心。

矿井发生透水事故后，被水围困时间很长的人员，一旦获救，首先必须对身体进行保暖。其次，遇险人员稍被震动，就可能造成休克，甚至死亡。所以必须小心地进行搬运、休养和医治。搬动时要格外小心，行进要缓慢，否则，如果处理不善，容易造成严重的后果，会使抢救工作前功尽弃。

156. 为什么长期被水围困人员获救后要格外注意保护双眼？

由于被水围困时间较长的遇险人员长期在黑暗的灾区中识别物体，已将瞳孔放散，如用较强光线直射，瞳孔会立即缩小或激烈收缩，造成双目失明。所以禁止用矿灯直接照射遇险人员的眼睛，也不得将他们的眼睛直接暴露在阳光之下。这时，应该使用红布包住矿灯，使光线减弱；在由井下搬运到地面以前，应用床单、衣服等物把遇险人员的眼睛蒙上，使瞳孔逐渐收缩，待恢复正常后，才可以见光。

157. 如何加强对长期被水围困人员获救后的医护？

在抢救长期被水围困人员时，矿救护队最好同医生一起行动。他们获救后，不可以立即搬运到井上，应先搬运到井口附近的安全地点，逐步适应外界环境。首先，在矿救护队员的保护下，由医生对遇险人员进行体检，并给予必要的医疗休养。对于脱水的遇险人员必要时须输血、输液和输氧等，保证心脏功能。待遇险人员的情绪稳定后，脉搏、呼吸和血压基本正常时，在医生指导和护送下再搬运到地面，送到医院的特设病房给予特别的护理，使其逐渐适应新的环境，恢复健康。在医院治疗和休养期间，不要让遇险人员的亲朋好友探视，以免过度兴奋或伤感，影响遇险人员恢复健康。同时，做好煤矿灾害心理危机的预防和干预工作，树立正常的灾害意识，培养良好的心理素质，就能够创造生命奇迹。

158. 如何分析被水围困地点是否有空气存在？

常言道：人往高处走，水往低处流。当发生矿井透水事故，位于透水点上方巷道或被涌水淹没巷道的上方，一般都有空气，对现场作业人员的生命构不成危险。但当发生矿井透水事故，被水围困地点比外部最高水位的标高低时，就必须进行具体分析，这时，大致有以下三种情况仍然存在着空气。

（1）由于井下发生透水事故时，一般来势凶猛，水向下奔流时将透水点下部巷道中的空气挤出，直至下部巷道被水全部淹没，才不会有空气存在。

（2）矿井发生透水后，涌水首先将下部巷道淹没，使这些巷道没有排泄空气的间隙。但与这些巷道相通的倾斜巷道，如果上部独头巷道不漏气，即使低于外部水位时，也不会全部被水淹没，仍有被压缩的空气存在，这时躲避在这些巷道上部空间的遇险人员就同样具备生存必需的空气条件。这在矿井水灾案例中是常见的现象。这时千万注意不能采用打钻送风、送实物的方法。因为密闭的空间一旦与外界相通，矿井积水将沿着上山上升，直到淹没整个空间。

159. 适合被水围困人员呼吸的空气质量有何要求？

只要有空气存在，就能生存。这里指的是正常情况下，空气中含有20%左右的氧气，可以供人呼吸维持生命。但是，由于被围困人员的呼吸、有机物及无机物的缓慢氧化及各种有毒气体涌入被围困地点等，会使空气中各种气体的浓度发生变化，即维持生命的氧气减少，窒息性的二氧化碳增加，同时有毒的一氧化碳、硫化氢、二氧化硫和二氧化氮等增多，这些气体会使空气的质量发生变化，当达到一定浓度时，被围困人员也就不能生存。所以，严格地讲，应该是符合质量要求的空气的存在，才能维持生命的存在。

当矿井透水时，被水围困地点的空气质量将发生如下变化：

（1）氧浓度的减少。空气中氧浓度降到10%～12%时，人们呼吸感到极度困难，但还可以生存。如果再下降人就会进入昏迷状态而死亡。因此，一般把氧浓度10%作为遇险人员生存的极限值，即当空气中氧浓度低于10%，遇险人员就丧失了生存条件。

根据《煤矿安全规程》规定："井下空气中的氧含量不能低于20%"。井下被围困空间空气中氧浓度由20%下降到10%所需要的时间，决定着被围困人员生存的极限时间。

（2）二氧化碳浓度的增加。空气中的二氧化碳浓度增加到10%时，遇险人员呼吸极为困难，并会发生昏迷状态，但不会死亡。当二氧化碳含量继续增加时，人就会失去知觉，并导致死亡。

因此，一般把二氧化碳含量增加到10%作为遇险人员生存的极限值。

根据《煤矿安全规程》的规定："井下空气中的二氧化碳含

量不应超过 0.5%”。井下被围困空间空气中二氧化碳浓度由 0.5%上升到 10%所需的时间，决定着被围困人员生存的极限时间。

160. 长期被水围困人员获救后饮食应注意什么？

在被水围困遇险人员长期未进食的情况下，获救后不能吃过硬和过量食物，以免造成不良后果。这时，只能吃一些稀软的高营养、高蛋白的食品。要注意做到少食多餐，逐渐恢复肠胃消化功能，提高身体素质，然后才能恢复正常饮食。

第七章　冒顶现场自救互救知识

161. 煤矿冒顶事故有哪些特点？

冒顶事故指的是在井下建设和生产过程中，因为顶板意外地冒落、垮塌而造成的人员伤亡、设备损坏和生产中断等事故。

与瓦斯事故比较顶板事故有以下特点：

（1）发生频率高。2008 年全年顶板事故共发生 1 032 起，占全国煤矿事故总数的 52.8%。

（2）累计死亡人数多。2008 年全年顶板事故共死亡 1 222 人，占全国煤矿事故总数的 38.0%。

（3）重大事故少。2008 年全年顶板重大事故共发生 2 起，占全国煤矿事故总数的 5.3%。

（4）一次死亡人数少。2008 年全年顶板事故平均死亡人数 1.18 人/起。

162. 煤矿冒顶事故有哪些特点?

煤矿冒顶重大事故影响范围大，伤亡人员多，中断采掘工作面、采区或矿井生产时间长，损毁井巷工程和生产设备严重，易引发次生灾害。

煤矿顶板事故的主要特点如下：

（1）突然。煤矿冒顶事故往往是突然发生的，给煤矿企业领导和从业人员的心理冲击很严重，容易出现措手不及、决策失误的现象。由于救灾指挥失误，造成救灾措施不当，或者自救互救方案错误，使事故扩大，增加伤亡人数，扩大损失范围。

（2）伤人。煤矿冒顶事故发生后，往往造成多人伤亡，使井下人员生命受到严重威胁。

（3）破坏。冒顶使生产中断、通风系统遭到破坏、井巷工程和机电设备损毁，甚至造成地面塌陷，给国家财产造成巨大损失，还给抢险救援工作增加了难度。

（4）继发。煤矿冒顶板事故发生后，有时在较短的时间里重复发生同类事故或诱发其他事故，使矿井受灾范围进一步扩大。当发生冒顶后，有可能发生二次冒顶；或者冒落矸石砸坏电缆引起电气系统故障；冒落矸石撞击火花引发瓦斯爆炸；冒落矸石堵塞通风巷道致人中毒、窒息或者引起其他事故发生。

◎真实案例

1999 年 10 月 28 日 7 点 30 分，新疆某煤矿发生一起冒顶事故，由正在开采的四水平直冒透至地面，死亡 17 人。

该矿采用仓储式采煤法，水平的四、五、六三个采区煤都没有出完，均因着火封闭，顶板也未处理。且五、六采区的采区布置较大，为 10 m 宽。而四水平的布置是 8 m 煤柱，采至五采区西仓时，正好三水平的煤柱对准了四水平的采空区，由于三、四水平煤柱没有对齐，上部支撑压力作用在下部采空区上，造成三、四水平采空区大面积垮落。这是这次冒顶事故发生的直接原因。

同时，三水平及以上采空区均有明火未作处理，采空区内积聚大量高温、有毒、有害气体，当采空区突然冒落时，这些气体快速涌入四水平作业区域，运输巷中煤尘温度高达 40℃ 左右。高温、高压气流吹翻五采区石门口 12 m 处的两辆矿车，2 名工人被矿车压住。另 10 人都头朝着出口方向平躺着，其余 5 人在井底车场处，其中 4 人当场死亡，1 人在送往医院后经抢救无效死亡。

163. 如何抢救冒顶埋压人员？

当发生冒顶埋压人员时，在互救过程中应做好以下几点：

(1) 抢救遇险人员时，首先应直接与遇险人员联络（呼叫、敲打、使用地音探听器、生命探测仪等方法），来确定遇险人员所在的位置和人数。

(2) 在抢救中必须时刻注意救援人员的自身安全。如果觉察到有再次冒顶危险时，首先应加强支护，提前做好“退路”工作。在冒落区工作时，要设专人观察周围顶板变化，注意检查瓦斯变化情况。

(3) 在抢救遇险人员时，要注意避免伤及遇险人员身体任何部位，特别要保护好遇险人员的头部；如果救出的人员有外伤，应迅速进行救治和骨折固定；如果救出的人员呼吸困难，应立即进行人工呼吸抢救。

164. 如何处理冒落物？

在处理冒顶事故时，需要移动、破碎和清理冒落物，切断金属、木料和岩石，运输冒落的矸石。

（1）移动岩石可使用不同规格的液压起重器。

（2）破碎大块岩石可在岩石上打一个直径为 40～50 mm 的钻孔，再把柱状专用岩石破碎器送入孔内，加液压后，破碎器侧面上一排小活塞柱产生支撑，使大块岩石胀裂开来。

（3）切断冒落物中的金属物件、木料和岩石时，可使用气动和电动两用的金属锯、木料锯和岩石锯。在瓦斯浓度不超限的情况下，还可采用轻便型（15 kg 左右）背、提两用氧气切割机快速切割金属物件。

（4）剪断金属网、铁丝等，可用液压剪刀。

（5）处理冒顶时为快速运输冒落物，可利用原铺设的刮板输送机或铺设搪瓷溜槽。

165. 如何加强冒顶区内的通风？

发生冒顶后，遇险人员所处冒顶区通风不好，甚至可能切断风流，为了保障遇险人员的呼吸和防止积聚瓦斯，必须加强冒顶区内的通风工作。

（1）迅速组织清除冒落堵塞物。采取有效的组织手段和技术手段，快速清除冒落堵塞物，使被阻塞或切断的风流恢复原来的通风状况。

（2）清除冒落堵塞物工程量大，而遇险人员又急需新鲜空气时，可利用原安装在灾区的供水管或压气管输送空气。

（3）利用原刮板输送机输送空气。拆除刮板输送机底链，利用输送机底槽的空隙对冒顶区进行通风，是一种简便易行的方法。为了加大输入风量，还可以安装一台局部通风机、风筒正对溜槽下部送风。

（4）安设局部通风机。在条件适合的地点安设局部通风机，对遇险人员所处冒顶区进行通风。但是，利用局部通风机通风时，应注意选择合适的风量和避免局部通风机产生循环风。

166. 如何选择抢救被冒顶埋压、围困遇险人员通道的断面?

根据冒顶现场的具体条件，在抢救被冒顶埋压、被困的遇险人员时，要快速、安全和可靠地选择寻找、抢救通道的断面。

一般来说，有以下两种方案可供选择：

（1）全断面法。全断面法指的是沿冒顶范围的端头，由外向里，一次架设新的支架与原支架断面基本一致的方法。这种处理冒顶抢救人员的方法又叫整巷法或一次成巷法。

全断面法的优点是可以避免多次松动原已破碎的顶板，不会错过被埋压的遇险人员；缺点是进度较慢。

当冒顶范围不超过 15 m，垮落的矸石块度不大，人工可以搬动时，常采用该法。

（2）小巷法。小巷法指的是先沿煤壁下部掘进一条小断面巷道，以木柱斜撑支护矸石，作为通风、运输和行人临时使用，然后扩大为原断面的永久支护的方法。这种处理冒顶抢救人员的方法又叫小断面法，又称小巷法。

小巷法的优点是处理冒顶进度快；缺点是需要进行二次扩面、支护，会对原已破碎的顶板加剧松动，同时有可能错过被埋压的遇险人员。

当顶板冒落的矸石非常破碎，采用全断面法不易通过冒落地带时，或者已经明确被埋压、围困人员的位置，急于救出遇险人员时，可采用该法；也常应用在急于恢复采掘工作面或巷道，作为临时通风、运输和行人的抢救中。

◎真实案例

某煤矿掘进上山时发生冒顶，大量的碎煤矸石涌入巷道，使在工作面迎头作业的2名工人被埋压。在抢救他们时，开始为了迅速接近遇险人员，在没有采取任何保障自身安全措施的情况下，便开始在原断面清理煤矸石，结果发生二次冒顶，将2名抢救人员砸成重伤。后来其他营救人员将原来的大断面改成小断面，并采取边打木垛边加固支架的方法，一直抢扒到遇险人员被埋压地地点，才将这2名被冒顶埋压的遇险人员安全救出。

167. 如何选择寻找、抢救被冒顶埋压、围困遇险人员通道的位置?

在寻找、抢救被冒顶埋压、围困遇险人员时，通道的位置有以下四种选择方案：

（1）由原采掘工作面和巷道冒顶区的一端。在一般情况下，都采用由原采掘工作面和巷道冒顶区的一端进行寻找、抢救被冒顶埋压、围困遇险人员。

（2）由原采煤工作面和巷道冒顶区的两端。如果冒顶范围较大，原采煤工作面和巷道冒顶区具有两个安全出口，为了加快进度，应由原采煤工作面和巷道冒顶区的两端进行寻找、抢救被冒顶埋压、围困遇险人员。

（3）绕道法。在冒顶范围很大、冒顶高度很高和顶板岩石极不稳定的条件下，由原采掘工作面和巷道进行寻找、抢救被冒顶埋压、围困遇险人员极其困难和危险时，可以另掘补充绕道，然后由绕道向冒顶区进行处理，抢救被冒顶埋压、围困遇险人员。

绕道法通常有以下三种形式：

1）冒顶发生在工作面上部机尾处，由机尾处贴煤壁掘一补巷，躲开冒顶区，将工作面刮板输送机机尾搬至未冒顶区，由新补巷横着向冒顶区寻找、抢救遇险人员。

2）冒顶发生在工作面中部，由原采煤工作面留 3～5 m 煤柱重新开一条平行的切眼，然后在新开切眼内每隔 10～15 m 向冒顶区掘小巷，由各小巷分段向冒顶区内寻找、抢救遇险人员。

3）冒顶发生在工作面下机头处，由机头处煤壁侧外推 3～5 m 由运输巷斜着向上掘一补巷，直通冒顶区上部。在斜补巷内横着向冒顶区寻找、抢救遇险人员。随着工作面的推进，斜补巷短刮板输送机与原工作面输送机合并为一部，拆除并运出多余的输送机。

（4）卧底法。若冒顶范围内底板为煤层或松软岩石，可以采取卧底的办法，先从煤壁安全地点开始，卧底至冒顶埋压人员的下方，将遇险人员救出。

◎真实案例

1994 年 9 月 25 日 16 点 20 分，新疆某煤矿采煤工作面（巷道式）发生冒顶事故，冒落区长达 24 m，里面困住 2 名采煤作业人员。2 名遇险人员避灾知识丰富、自救意识强，积极配合外部救援工作。26 日 12 点 05 分被安全救出时，矿灯还很亮。

当日早班 6 人来到该采煤工作面从下向上 62 m 处爆破回采。16 点 15 分发现上山巷道 43 m 处顶板掉渣。采煤人员收拾工具准备撤离。这时听到柱腿发出连续不断的弯裂响声，并有矸石掉下。4 名青年工人向外冲了出来，2 名老工人没有冲出来就向上撤。16 点 20 分上山发生冒顶事故，将 2 名老工人围堵在里面。

这时上山继续向上冒顶至 62 m 处，他们 2 人急忙躲在上山冒顶区以上没有推倒的 2 架棚梁下避难。但顶板还在继续冒落，因该处以上是采空区，无退路，棚梁上顶板以前发生过 1 m 高的冒顶，已做妥善处理。未冒顶的 2 m 上山巷中也淤满了矸石，他们二人就爬到棚梁上冒顶后留下的空硐中避难待救。

事故发生后，该井领导来到事故地点，察看灾情，先指挥工人加固棚梁以防止继续向外冒落，后组织扒煤找人。到 18 点 20 分才向矿长、总工程师求援。矿长接到救援电话后，命令矿山救护队立即出动。

1）20 点紧靠冒顶区断开刮板输送机，用风筒通过刮板输送机底槽向冒顶区里面输送新鲜空气，以保证被困堵遇险人员的呼吸安全。

2）在上山冒顶区边缘从煤帮沿冒顶区向上掘进高 1.5 m 宽

1 m的绕道救人。

3）从矿调来钻机，由冒顶区下端沿上山在冒顶区中向上打钻孔，向里送风，供给遇险人员呼吸。

4）绕道要求支护牢固，可放小炮爆破前进，爆破前用长钻杆先探测。绕道掘进进展顺利，26 日 8 点向上掘进 20 m。

5）当再次打眼爆破时，听到里面有敲击煤帮的声音，但喊话听不到。为了被围堵人员的安全，放弃爆破而改为用镐挖，进展显著减慢，到 11 点才进了 1 m 多。

6）改用长钻杆打眼前探后，就听到里面有人喊："你们可以放炮，我俩在棚梁上，崩不着。"这样，在放震动炮前进了 1 m 后，又向上打眼放了 1 次震动炮，炸开了一个直径 0.5 m 的小洞，救出 2 名遇险人员，2 人均未受伤。

168. 如何选择抢救被冒顶埋压、围困遇险人员通道的支护方法？

冒顶事故发生后，顶板发生了很大变化，只有处理好冒顶，才能安全救出被埋压、围困的遇险人员。所以，必须采取特殊的支护方法。

抢救冒顶遇险人员特殊支护方法主要有以下 4 种：

（1）探板法。在冒顶范围不大、顶板没有冒严、工作面没有堵死、矸石暂时停止下落的情况下可采用探板法。

采用探板法处理冒顶时，先观察顶板动静，加固冒顶区附近的支架，再掏梁窝、探大板，板梁上方的空隙要背严或用小木垛接顶。然后清除浮煤、浮矸，打好贴帮柱，支住大板的另一端。

并根据煤帮情况，钉上拉条和用小板逼住煤帮，防止片帮。

（2）撞楔法。当冒顶范围内仍在冒落顶板矸石，或者一动顶板碎矸就往下掉时，应采用撞楔法。

采用撞楔法处理冒顶时，将预先加工制作好的木料或铁道的尖端，用大锤打进冒落区上方的碎矸中，密集撞楔挡住上方碎矸不再冒落，抢救人员在其保护下清除原冒落的煤矸杂物，然后进行支架和抢救遇险人员。

（3）搭凉棚法。当冒顶高度不大，顶板岩石不再继续冒顶，冒顶范围也不大时，可采用搭凉棚法。

采用搭凉棚法处理冒顶时，用 3～4 根长木料搭在冒顶区两端完好的支架上，木料上方的冒落空隙要背严。在凉棚保护下进行清理煤矸、抢救被埋压人员。

（4）木垛法。当冒落高度超过 3 m，原支架基本完整且冒高范围内顶板暂时比较稳定，不再继续冒落矸石时，可采用木垛法。

采用木垛法处理冒顶时，在原支架上方码放木垛，直至接顶；码放前应找好浮石，做好躲避通道；禁止周围人员大声喧哗，并设专人观察顶板和四周；码放木垛时既要接顶背实，又要抵住周边，防冒顶片帮。在综采工作区发生冒顶事故，将人员埋压在机道时，可以在液压支架顶梁上探上木板，另一头搭在煤壁上，然后在木板上架设木垛，在顶梁和木板的掩护下清除煤矸抢救被埋压的人员。

169. 抢救被冒顶埋压遇险人员有哪些注意事项？

发现被冒顶埋压的遇险人员后，要克服急躁心理，采用妥善方法，安全地将其救出。

抢救被冒顶埋压遇险人员应注意以下事项：

（1）首先认真做好冒顶区的探查工作，掌握或判断冒顶范围、进出冒顶区通道、冒顶区支护和通风情况、遇险人数和分布位置、冒顶区附近支护材料和通信等情况。

（2）根据采掘工程施工方法、冒顶区岩层冒落的高度和块度、冒顶位置及影响范围来合理选择处理冒顶抢救人员的方案。

（3）若遇险人员被碎煤矸石埋压，抢扒时要格外小心，先扒出头部，并清理口、鼻腔及附近阻碍呼吸的碎煤矸石，用一只柳条筐或其他物体掩盖，以免下落矸石砸伤头部。迅速用双手清除埋压在遇险人员身上的煤矸石，不可用铁锹清理。

（4）若埋压遇险人员的矸石块度较大，要立即用双手搬开，采用支撬法或用千斤顶等起重器械将煤、岩块抬起。

（5）如果底板松软或是煤底，也可以采取卧底的方法，不能用手镐刨或大锤砸，更不能放炮崩，以免遇险人员进一步受到伤害。

（6）无论何种情况，营救人员都不能站在埋压在遇险人员身上的矸石之上。

（7）遇险人员的胳膊、腿被埋压，抢扒十分困难时，若不及时将人员救出，有可能发生二次冒顶，更不易将其救出，或者埋压时间过长，流血过多，可能造成遇险人员休克甚至死亡，在这紧急关头，有时可以采取截肢的办法保全生命。

（8）为了尽可能减轻冒顶埋压伤工的痛苦，防止伤情恶化，防止和减少并发症的发生，挽救濒临死亡伤工的生命，必须对抢救出来的伤工认真做好现场急救工作。被冒顶埋压伤工现场急救技术主要有止血、创伤包扎和骨折的临时固定。另外，对于外伤、窒息等引起的呼吸停止、假死状态者，必须进行人工呼吸或心脏复苏。

◎真实案例

1986年2月10日1点45分，河南某煤矿采煤工作面发生冒顶事故，3名正在现场作业的工人被埋压。

现场未遇险的工人立即开展互救，很快地抢扒出1名遇险者，该工人已经奄奄一息，现场工人迅速将他抬运上井。

随后矿上营救人员来到现场，派2名有经验的老工人观察、维护顶板，并组织力量扩大进风安全出口，防止继续冒顶把进风口堵死而给抢扒工作带来新的困难。同时采取呼喊、敲击和观察的方法，很快与被埋压遇险人员取得联系。由于遇险人员被几根圆木夹在中间，压在下面，营救人员先清理遇险者头部上面的冒落碎煤矸石，接着小心地清除其口、鼻腔中的碎煤矸石，以保证其呼吸道畅通。清理好后，立即用锯锯断圆木，并继续清理埋压在遇险者身上的碎煤矸石和杂物，终于将一名被埋压遇险人员抢救出来。

将第一名被埋压遇险人员抢扒出来后，现场冒顶的险情仍然十分严重，营救人员在压力最大、有继续冒顶可能的位置，迅速加打了一个木垛，有效地控制了顶板，缓和了险情。抢救第二名被埋压遇险人员时，先在遇险人员周围挖一个1.5 m深的大坑，在大坑的上部用大板和圆木盖住，并留有一个口供营救人员进行抢救使用，这样不仅对遇险人员起到了保护作用，也为营救人员提供了安全条件。这时，顶板又冒落了，其中一块 15 kg 的大矸石向遇险人员头部滚来，一名营救人员迅速地用自己身体挡住了这块石头，避免了遇险人员二次受到伤害。后来，安装电动葫芦将压在遇险人员腿上的两根金属支柱拉出，使第二名被埋压遇险人员脱险。最终，3 名被冒顶埋压遇险人员全部获救。

170. 冒顶后现场人员如何报告灾情？

在顶板灾害事故发生初期，事故现场的人员应尽量了解或判断事故性质、地点和灾害程度，在积极、安全地消除和控制事故的同时，要及时向矿调度室报告灾情，并迅速向事故可能波及区域的人员发出警报。

发生冒顶事故后，现场人员报告灾情应注意以下事项：

（1）报告形式。要利用最近处的电话进行报告，不要舍近求远，更不要跑到井上进行口头报告。但要注意在有瓦斯地点必须使用防爆型电话，否则电话机产生的火花可能引爆瓦斯。

（2）报告对象。首先应直接向矿调度室报告。因为矿调度室是全矿抢险救灾的指挥中心，矿领导 24 h 调度值班，可以组织全矿人力、物力对事故进行抢救；若本矿力量不足，还可以通过调度向上级领导求援。有的人先报告本区队领导，往往会延误抢救事故的最佳时机。

（3）报告内容。应报告事故的性质、发生地点、事故影响范围、现场人员伤亡情况，以及抢救、撤离的措施和方法等。

（4）报告方法。报告时要沉着冷静，不要慌乱，尽量把话说清楚；不要撒谎，要如实报告灾情，不清楚的就报告说“不清楚”，回到现场了解清楚后或按领导指令了解某一情况后，再次向矿调度室报告。

171. 冒顶后现场人员如何积极消除灾害?

发生冒顶事故后，矿山救护队不可能立即到达事故地点进行抢救。实践证明，在事故初期，现场人员如能及时采取措施，正确开展自救互救，则可以减小事故危害程度，减少人员伤亡。

冒顶后，处于灾区内以及受威胁区域的人员，应沉着冷静，根据看到的异常现象、听到的异常声响和感觉到的异常冲击等情况，迅速判断事故的性质，利用现场的条件，在保证自身安全的前提下，采取积极有效的措施和方法，及时投入现场抢救，将事故消灭在初始阶段或控制在最小范围内，最大限度地减小事故造成的损失。

（1）在消除灾害时，必须保持统一的指挥和严密的组织，严禁冒险蛮干和惊慌失措，严禁各行其是和单独行动。

（2）在积极抢救过程中，首先要确保自身安全。提高警惕，采取严密措施，避免中毒，窒息，顶、帮二次垮落和再生事故的发生，保证营救人员的安全。

（3）在消除灾害时，要把抢救受灾害伤害的人员作为重中之重，坚持先救人后救灾。在抢救人员时要做到“三先三后”，即先抢救生还者，后抢救已死亡者；先抢救伤势较重者，后抢救伤势较轻者；对于窒息或心跳、呼吸停止不久，出血和骨折的伤工，先复苏、止血和固定，后搬运。

（4）要采取各种有效的措施，消除初始灾害或防止灾区情况恶化。

172. 冒顶时现场人员如何撤退到安全地点?

冒顶时现场人员撤退到安全地点应注意以下事项：

(1) 当发现作业现场即将发生冒顶时，最好的应急自救互救措施就是迅速离开危险区，撤退到安全地点。当煤层倾角较大且顶板破碎时，尽量不要往高处撤离。其他情况下一般都是沿支护完好和距离安全出口较近的地点撤出。

(2) 当冒顶发生来不及撤出时，现场人员应立即躲在木垛下方躲避。因为木垛支撑面积大，稳定性好，冒顶一般不会压垮或推倒木垛，躲在木垛下方可以对遇险者起到保护作用。

(3) 发生冒顶时，现场人员应立即靠煤壁贴身站立，这是来不及撤出危险区的一项应急自救互救措施。由于煤壁上方的顶板受到煤壁的支撑作用，仍为整体，不致变得破碎，因此，顶板沿煤壁冒落的情况很少，所以，冒顶时靠煤壁贴身站立相对比较安全。

◎真实案例

1999 年 6 月 29 日 11 点左右，山西某煤矿发生一起冒顶事故，造成 10 人死亡、1 人受伤。由于回采以来一直未进行回柱放顶，最大控顶距达十几米。在组织回柱时，顶板第二次发出巨响，并剧烈下沉，发生冒落矸石、煤壁片帮现象。工作面冒顶范围长 25 m、宽 10～15 m、高 5～10 m。将向煤壁和回风平巷口方向逃离的 10 名工人埋压致死，1 人虽被矸石压倒围住，但未压紧，奋力将矸石、煤块扛开，最后脱险。

当班11人入井后分成两个作业小组，到工作面后没有先加强支护即开始回柱。第一小组先回了20棵支柱换成第二小组工作。第二小组回到第17棵柱时，经过敲击，柱子不能松动卸压，即违章采取爆破的方法处理。爆破后仍然未倒，又采取措施，最终将其拽出。然后又换成第一小组工作，刚回了几棵支柱后，听到顶板猛地响了一下，并看到顶板明显下沉，这时有人害怕，招呼其他人一起到工作面以外休息。安全员训斥说："这样胆小还能干活？这是正常爆顶，问题不大。"

第一小组继续回柱，刚回了一棵柱时，顶板又猛响了一声，并突然下沉，伴有落石，工作面煤壁片帮，他们站起来就往外跑，但是冒落的矸石紧随而到。姜××跑在最前面，垮落的顶板矸石将他压倒困住，但未压紧，他奋力将矸石、煤块等扛开，钻到了回风一侧的工作面未冒落区，虽受了伤，但脱险了。他努力挪动到井底，乘罐上井，报告井下发生了10人被困的冒顶事故。接到事故报告后，矿方全力以赴进行抢险救援，至7月8日5点，最后一名遇难者上井，10人全部死亡。

173. 冒顶遇险后发出求救信号应注意哪些事项？

发生冒顶后会造成暂时混乱。面对这种混乱的局面，遇险人员只要能呼叫和行动，就要发出求救信号，以便让外面未遇险人员及时组织抢扒营救。

冒顶遇险后发出求救信号应注意以下事项：

（1）一般来说，抢扒遇险遇难人员时，都是本着"先抢扒活人、后抢扒死人"的原则，若遇险人员发出求救信号，就证明他们仍然活着，因此，营救人员就会更加抓紧时间，争分夺秒、千方百计地进行抢扒。

（2）另外，冒顶后遇险人员发出求救信号，还可以给营救人员明确其所在的位置，避免抢扒行动走弯路，争取时机，快速扒到遇险人员附近。

（3）发求救信号应有规律、不间断地进行，以使外面营救人员能接收到并给予确认。

（4）在发出求救信号时，千万不要敲击对自己安全有威胁的物料和煤、岩块，以免造成新的冒落，加剧对遇险人员自身的伤害。

◎真实案例

某矿发生冒顶事故时，1名工人下半身被埋住，他在敲打身边的木料发出信号时，由于振动使碎煤矸石继续向他身体涌来，因此，他立即停止了敲击木料，改为呼救，最终被抢救脱险。

174. 冒顶后被埋压、围困人员如何配合外部的营救工作？

发生冒顶事故后，被冒落煤矸埋压围困人员应积极配合外部的营救工作，做好以下几项工作：

（1）被埋压遇险人员在条件不允许时，不能采用猛烈挣扎的方法企图脱险，因为猛烈挣扎会振动周围的物料和煤矸石，可能会导致再次冒落，造成更大程度的伤害。

（2）在煤壁或木垛处避灾的遇险人员，要在营救人员将安全通道打通后方能撤出，不能冒险越过顶板冒落区逃生。

（3）被围堵遇险人员不要惊慌失措，要正视已经发生的一切，坚信矿上营救人员和工友们一定会积极进行抢救，并注意保暖，以沉着、镇静的心态等待救援。

（4）被围堵遇险人员应在遇险地点维护好附近支架，保持支护完整，保证冒顶范围不再向自己避灾地点蔓延扩大，确保安全。

（5）被围堵遇险人员在有条件的情况下，应积极利用现场材料疏通脱险通道，配合外部的营救工作，为提前脱险创造条件。

◎真实案例

某矿采煤工作面上出口往下30多米长度范围内发生冒顶事故，冒顶前由于将现场人员全部撤出，所以没有发生人员伤亡情况。

随后1名矿领导带领18名老工人去处理冒顶。他们把圆木、大板等材料从下出口往上运到采煤工作面冒顶处准备处理冒顶。先在冒顶区附近打木垛，以控制冒顶范围不再扩大。当打好两个木垛后，不料采煤工作面下出口又因冒顶被堵严，19人被围堵在采煤工作面中部，上、下都没有出路。

但是，他们不是消极等待外面救援，而是采取积极的自救互救方法，首先利用现场材料将顶板维护好，防止二次冒顶，然后由下出口冒顶区沿煤壁向下掘进小巷。这时矿上营救人员正在下出口由下向上掘进高0.8 m、宽1.0 m的巷道，很快便贯通了，双方互相通话了解灾情，鼓舞斗志，增强信心。营救人员又将小巷扩大，19名被围堵遇险人员经过36 h后全部安全脱险。

175. 破碎顶板冒顶现场人员应注意哪些事项?

所谓破碎顶板，指的是节理发育、整体性差、自稳性低的顶板。在采掘工作面的破碎顶板条件下，往往由于某个地点支护失效而发生局部漏冒，紧接着从该漏冒处开始扩大漏冒范围，特别是在倾斜工作面，这种情况由下往上逐渐发展，造成支架顶空失稳，导致工作面大范围形成漏垮型冒顶。

在破碎顶板条件下，现场人员自救互救要注意以下事项：

（1）首先保持支护完整，顶板插背严实，不留空隙；严禁在爆破、移溜、移绞车或回柱放顶等工序时崩倒或撞、碰倒支架，防止出现局部冒顶。

（2）一旦出现局部漏洞，必须立即加以堵塞，千万不能任其自流，否则越流支架上顶越空，必将使支架扑倒造成冒顶。在漏洞中有时塞一捆荆笆条或一只荆笆筐就可以制止漏冒的继续发展。

（3）当倾斜工作面开始发生漏垮型冒顶时，现场人员一定不要往上跑，而应该往下逃生。

◎真实案例

2007 年 5 月 30 日 19 点 50 分，宁夏某采煤三队在 11062 炮采工作面处理片帮漏顶过程中，发生一起死亡 2 人的冒顶事故。

当日早班采煤三队大工韩××、二工万××被分配处理第 60～173 架支护。由于该段的煤比较松软，不能爆破，他们采用风镐进行落煤和支护，发生了第一次片帮漏顶，并且有直接顶的碎石漏下。

11602 炮采工作面第 13 组段煤壁出现片帮、漏顶后，该段大工和副工长没有及时停转输送机采取防漏和封堵漏顶的措施，而是利用输送机将漏下的煤、矸拉出，进行维护处理，处理好后继续作业。由于该段 3 架支护上方漏空，支护失去稳定性，在顶板压力作用下直接顶断裂垮落，冒落的矸石直接砸在空顶处的支护上，在金属网的连带作用下带动其下的支柱向下倾倒，扯倒了上、下相邻的支护，当施工到第169架支护时，煤壁出现第二次片帮漏顶。这时老矿侧支护已经变形，在向上撤人的过程中，20架支护被推倒发生冒顶事故，将在现场躲闪不及的韩××和刘××被埋压致死。

176. 冒顶后被围困现场人员应注意哪些事项?

掘进巷道时，在迎头的后方有时发生冒顶，将现场作业人员围困在里面；或者在同一条巷道发生两处冒顶，将人员堵在两处冒顶之间。这时被围困遇险人员不要慌乱，要坚定信心，沉着冷静，互相关心，互相安慰，采取应急自救互救措施，争取尽快脱险。

冒顶后被围困现场人员应注意以下事项：

(1) 维护被围困地点的安全。巷道发生冒顶时，被围困遇险人员应该利用现场材料，维护加固冒落区的边缘和避灾地点的支架，并经常进行检查，以防止冒顶继续扩大至避灾地点，防止避灾地点发生新的冒顶，保障被围困人员的安全。

(2) 打开压风管和自救系统阀门。若被围困地点附近有压风管或压风自救系统，应及时打开阀门；如果压风管在该处没有阀门，可以临时拆开管路，给被围困巷道空间输送新鲜空气，稀释瓦斯和其他有害气体浓度，同时注意被围困遇险人员的身体保暖。

177. 处理冒顶救人的一般原则是什么?

(1) 先外后里。先检查冒落带以外附近5 m范围内支架的完整性，有问题的先处理。必要时可采取加固措施，例如加密支架、加打木垛、前后拉紧钉牢、加打抬板、插严背实，以增加后路支架有足够的支护能力和稳定性，确保后路畅通。特别是倾斜巷道的支架与支架的连接要牢靠，防止发生支架失稳连续倒塌事故，将冒顶范围扩大。

（2）先支后拆。需要回撤或排除原支架时，事先必须在旧支架附近打临时支架，而且要有一定的新撑力。如需更换棚腿，应该先用内注式单体液压支柱或金属摩擦支柱在棚梁下打好支柱，再回撤旧棚腿，如需更换整架棚子，应先紧靠该棚子棚好一架，再回撤原棚子。

（3）先上后下。处理倾斜巷道冒顶事故时，应该由上向下进行，防止顶板冒落矿石砸着下面的抢救人员。特别是倾角在15°以上时，还应在处理地点的上方6～10 m处设置护身遮拦，以防巷道倾斜上方的煤矸滚落伤人。

（4）先近后远。对一条巷道内发生多处冒顶事故时，必须坚持先处理外面的一处（即离安全出口较近的），逐渐向前发展，再处理里面的那一处（即离安全出口较远的），直至在巷道里各处冒落带都处理好。

（5）先顶后帮。在处理冒顶事故时，必须注意先支撑好顶板，再护好两帮，确保抢救人员的安全。例如在巷道一侧由于片帮埋压人员，抢救时必须在顶梁下先在片帮侧打上一根立柱，然后对冒落岩石进行清理，救出遇险遇难人员。

第八章　现场创伤急救知识

178. 人体存在哪些系统？它们的主要功能是什么？

人体是一组器官行使着各自功能的一个系统。为了对伤工的伤害程度进行判断，了解人体系统及其不同功能是非常必要的。

人体主要由以下几种系统组成：

（1）肌与骨骼系统。肌与骨骼系统包括骨骼和骨骼肌。

骨骼起保护和支撑作用，肌肉和骨骼一起支持着肢体运动。骨骼肌肉是随意肌，可以有意识地伸缩（有些肌肉有自动运动功能，不属于肌与骨骼系统，比如维持心脏跳动的心肌。器官壁上的肌肉由平滑的非随意肌组成，它们的伸缩不受意识控制）。

（2）神经系统。神经系统控制着运动、释放感情、控制和协调肢体运动，产生记忆和思想活动。

（3）血液循环（心脏血管）系统。血液循环（心脏血管）系统包括心脏和血管，它们负责输送血液，把营养物质和氧气输送到体内的细胞，并把代谢物和二氧化碳带走。

（4）呼吸系统。呼吸系统的作用是交换气体，即吸入氧气，排出二氧化碳。血液把氧气带入循环，同时释放出二氧化碳，排到大气中。

（5）消化系统。消化系统使我们能够吃东西，消化、吸收食物营养并排出代谢物。

（6）泌尿系统。泌尿系统功能是排出血液循环中产生的代谢物，保持血液中水盐代谢平衡。

（7）生殖系统。生殖系统主要功能是产生和输送生殖细胞，借以繁衍后代、延续种族。

（8）表皮系统。表皮系统包括皮肤及其附属物（头发、脂腺、汗腺和指甲）。皮肤是人体最大的器官，它也经常被归入膜类。皮肤包括许多像汗腺这样的小器官。这些腺体对释放热量、多余的液体和溶解体内排出的代谢物起着重要的作用。

（9）感官系统。感官系统包括许多不同的器官，这些器官都和神经相联系。有视觉、听觉、味觉和嗅觉，还有疼痛、冷、热和触摸等反应。

（10）内分泌系统。内分泌系统分泌一种叫激素的化学物质，这种物质可以调节许多人体活动和功能，比如生长。

（11）免疫系统。免疫系统是一个贯穿人体全身的网络组织，存在于血流、淋巴系统、肝、脾、甲状腺和全身的相关组织中。免疫系统是机体防止病原体入侵最有效的武器，它能发现并清除异物、外来病原微生物等引起内环境波动的因素。

（12）排泄系统。排泄系统包括呼吸、消化、泌尿和表皮系统的功能。

179. 头部由哪些部分组成？

头部由 22 块骨头组成。其中的 8 块紧密结合在一起形成颅腔，称为颅骨。颅腔结合致密，起保护大脑的作用。另外 14 块骨头构成面颅，唯独下颌骨是连在头部的一块可活动的骨头。

（1）颅骨——覆盖着大脑（许多人把脑颅叫做颅骨，实际上，颅骨包括脑颅和颜面骨）。

（2）上颚——颚的上部。

（3）下颚——颚的下部。

180. 颈部有什么作用？

颈部俗称“脖子”，它连接着头部和人体躯干，包括脊椎骨的颈部区域。

181. 躯干由哪些部分组成？

躯干，是人体的主要部分，包括 54 块骨头。它可以分为两部分：胸腔和腹腔。两腔被横膈膜分开，横膈膜呈拱形，其后部比前部低。

（1）胸部。躯干的上半部分是胸部，即胸腔及其内部器官。肺和心脏占据了胸腔的大部分空间。心脏位于双肺之间，胸腔的中部，胸骨的后面。它的位置稍偏左，所以左肺比右肺小一点。除了心脏和肺以外，胸腔还包括食管（食道），气管和几条重要的血管。脊柱分为 33 段，由椎骨组成，中间由韧带和软骨连接起来。胸廓呈锥形，由 24 根肋骨组成，一边各 12 根，后边与脊椎相连。上面的 7 对肋骨通过软骨与胸骨相连。下面的 3 对肋骨在前面以同一软骨与第七肋相连。最下边的两对肋骨叫做浮肋，前端游离。

（2）腹部，从下部肋骨到骨盆之间的区域。躯干的下半部分叫做腹部，是一个空腔器官。

（3）骨盆，盆形骨骼结构，由下肢支撑，并支撑着脊椎骨。骨盆位于躯干的底部，呈盆状结构。骨盆位于脊柱可活动椎体的下方，下端与下肢相连，这对脊柱有支撑作用。骨盆由两块椎骨和两块翅状髋骨组成。骨盆处于腹部的底部，有两个较深的股骨头窝。

182. 上肢由哪些部分组成？

上肢由 32 块骨头组成，包括锁骨、肩胛骨、肱骨、尺骨和桡骨、腕骨、掌骨以及指骨。锁骨是一根长骨，它的内侧末端连着胸骨，外侧端在肩关节处与肩胛骨相连。它位于胸部前的上外部，构成肩关节的一部分。肱骨从肩开始一直延伸至肘部。尺骨和桡骨位于手腕与肘部之间。8 块腕骨，5 块掌骨，14 块指骨，除了大拇指是 2 块骨头外，其他手指都是 3 块骨头。

183. 下肢由哪些部分组成？

下肢由 30 块骨头组成，包括股骨、膝盖骨、胫骨和腓骨（小腿的 2 根骨头）、跗骨（脚踝骨）、跖骨（脚骨）和趾骨（脚趾骨）。大腿骨是人体最长、最坚固的骨头，是从臀部到膝关节之间的部分。它的上端呈圆形，被嵌在骨盆的骨窝里，它的下端变宽，形成膝关节的一部分。膝盖骨是一块在膝盖表面可触摸到的呈三角形的、较平的骨头。胫骨和腓骨端与膝关节相连，另一端与踝关节相连。脚踝骨和脚背处共有 7 块骨头，脚的前部有 5 根较长的骨头，脚趾骨有 14 块。

大多数的骨折和骨头错位都是发生在四肢上骨和关节处。

184. 脊柱由哪些部分组成？

脊柱包括颈部和背骨，共有 33 块骨头。脊柱保护着从大脑延伸向背部的脊髓。身体的大部分主要神经都经过脊髓，几乎身体的每一部分都与大脑相连。另外，脊柱还起着支撑整个身体的作用。颅骨、肩、肋骨和骨盆都与脊椎相连。脊柱分为五个部分，这几部分可作为参考来对其他结构和伤口定位。

（1）颈椎，在颈部区域的脊椎骨（7 块骨头）。

（2）胸椎，在背部的上部，肋骨与脊柱连接的部分（12 根骨头）。

（3）腰椎，脊柱的中间部分（5 块椎骨）。

（4）骶椎，脊柱的中间往下的部分（5 块骨头）。

（5）尾椎，脊柱的最末端（4 块骨头）。

185. 人体中的腔体由哪些部分组成？

人体有四个主要的腔体，两个在前面，两个在后面。在这些腔体中都是一些重要的器官、腺体、血管和神经。

（1）胸腔，完整的胸部腔体。

（2）腹盆腔，腹腔中有肝脏、胃、胆、胰腺、脾、小肠和大部分大肠；盆腔中有膀胱、部分大肠和生殖器官。

（3）颅腔，颅骨的凹陷部分，内有脑和脑膜。

（4）脊髓腔体，此腔体贯穿整个脊柱的中央部分，保护着脊髓和脊膜。

186. 腹部象限由哪些部分组成?

腹腔是人体中一个较大的区域，内部有许多重要的器官。腹部分为四个象限，叫做腹部四象限。

（1）右上象限，包括肝脏、胆和部分大肠。

（2）左上象限，包括胃的大部、脾、胰腺及部分大肠。

（3）右下象限，包括阑尾及部分大肠。

（4）左下象限，包括部分大肠。

肾脏位于腹腔的后面。一个肾在右上象限，另一个在左上象限。

187. 关节和韧带有哪几种类型?

两块或多块骨头连在一起叫做关节。

关节可分为三种类型：

（1）不可动的关节，比如颅骨的连接处。

（2）活动受限的关节，比如肋骨和骶椎。

（3）自由活动的关节，比如膝关节，踝关节和肘关节等。

可自由活动的关节是很容易受伤的地方，是急救中的主要关注对象。在可活动关节的骨头末端覆盖着软骨，骨头之间被一种白色的带子连着，叫做韧带。两骨的连接处也完全被韧带包围。一层光滑的薄膜连接着软骨和韧带内部，并分泌一种液体来润滑关节。

188. 肌肉和腱有哪几种类型？

作为人体骨架的骨头被肌肉覆盖着，构成了人体的形状和轮廓。

肌肉可分为两种类型：

（1）可由意识控制的肌肉，比如胳膊和腿部位的肌肉。

（2）非意识控制的肌肉，比如心脏和其他控制消化和呼吸的肌肉。

腱是一种有力的、无弹性的纤维纽带，通过它使肌肉附着在骨头上。肌肉可以使骨骼灵活运动和伸展。

189. 皮肤由哪些部分组成？有什么功能？

皮肤是一种覆盖在人体全身的保护性组织。表皮就是皮肤的最外层，没有血管和神经。表皮下面的皮肤叫做真皮，真皮中包含有血管和神经以及特殊组织，如毛囊和汗腺，它们是用来调节皮肤温度的。真皮下面的脂肪相软组织部分叫做皮下组织。

皮肤具有很多功能，比如保护、保持水分平衡，调节温度，排泄，缓冲。皮肤具有疏水性，能防止体液外流，同时，防止细菌进入。皮肤的神经系统可以把获得的信息发送到大脑。这些神经可以传输如疼痛、外压、冷热等信息。

皮肤可以给急救人员提供有关伤工的伤情。如皮肤苍白而且出汗有可能是发生休克。

190. 现场急救有什么作用?

为了尽可能地减轻痛苦，防止伤情恶化，防止和减少并发症的发生，挽救濒临死亡伤工的生命，必须认真做好煤矿现场急救工作。

现场急救的关键在于“急”。因为煤矿井下现场一般距离矿区医院或井下保健站都较远，专业的医疗人员或保健人员到达现场需要一段时间，而现场作业人员对伤工进行急救，就能达到及时、有效的目的。

据统计，现场急救做得好，可减少 20％伤工的死亡；人员受伤害后，2 min 内进行急救的成功率可达 70％；4～5 min 内进行急救的成功率可达 43％；15 min 以后进行急救的成功率则较低。

因此，在煤矿现场做好急救工作，关系到伤工生命的安危和健康的恢复，是煤矿安全生产中的一件大事。各生产班组都应设立一名兼职急救员，每一个现场作业人员都应学习和掌握现场急救知识和技术。

191. 现场急救的主要目的是什么?

现场急救通常包括到达现场、查明致伤原因、确认死亡因素和进行护理等几部分。同时在进入医院治疗前，预防发生死亡或加重伤势，并减少震动。在转移到达医院前，在威胁伤工生命的紧急情况下，现场的每个人都有责任和义务使伤工得到适当的护理。在采取适当的急救措施后，常常可以使伤工恢复呼吸，血液正常循环，止住流血，减轻严重的休克，保护伤口，防止感染和其他并发症的发生，并且能保存伤工的体力。如果以上步骤都做到了，也得到了医疗护理，那么伤工恢复的可能性就大大地提高了。现场急救人员并不能代替医生，但在专业人员到达或获得医疗救护以前，能够保护伤工。

现场急救的主要目的是以下 5 方面：

（1）确保自身和伤工的安全；

（2）查找受伤的原因；

（3）固定脖子和脊柱，注意致命因素；

（4）将伤工转移到安全地点和医院；

（5）在转移途中继续估计伤情，减少致命因素。

192. 初步判断伤情的四大特征是什么？

井下发生灾害事故时，一旦出现一批伤工，一般是先抢救危重伤工，然后再抢救受伤较轻的伤工；即使只有一名伤工，判断其伤情轻重，对迅速、准确和有效地完成伤工现场急救工作，也有着重要意义。

初步判断伤情的四大体征是：

（1）心跳。正常人每分钟心跳 60～80 次，严重创伤、大出血的伤工大多数心跳增快。

（2）正常人每分钟呼吸 60～80 次。

（3）瞳孔。正常人两眼瞳孔是等大、等圆的，遇到光线能迅速收缩、变小。严重颅脑损伤的伤工，两眼瞳孔不一般大，用电筒光线刺激，不收缩或反应迟钝。

（4）神志。正常人神志清醒，对外来刺激能引起反应；伤势较重的伤工，神志模糊或出现昏迷，对外来刺激能没有反应。

193. 不同类型伤工现场急救要点有什么不同？

根据伤情的轻重，大致可以将伤工分为以下四类，各类的现场急救方法也不同。

（1）轻伤工。凡伤工出现软组织受伤，如擦伤、裂伤和一般挫伤现象均属于轻伤工。

这类伤工大多数能自己行走，可经现场简单施救后即可回去休息，不必送往医院进行抢救治疗。

（2）重伤工。凡伤工发生骨折和脱位、严重挤压伤、大面积软组织挫伤、内脏损伤等现象均属于重伤工。

对此类伤工多数需要进行手术治疗。需要马上手术的必须立即护送到医院进行手术；可以暂缓手术的，要密切注意预防休克。

（3）危重伤工。凡伤工出现外伤性窒息和心跳骤停、呼吸困难、深度昏迷、严重休克和大量出血等现象均属于危重伤工。

对此类伤工必须立即进行抢救，并在严密观察和继续抢救的同时，立即护送到医院进行抢救治疗和休养。

（4）死亡伤工。判断真正死亡的方法是：

1）自主呼吸停止。

2）瞳孔扩散，无反射能力。

3）血液停止循环，脉搏、心脏停止跳动。

4）深度不可逆昏迷和大脑全无反应，所有的神经反射消失。

5）肢体僵硬，背部出现赤灰色斑点。

伤工受伤后，要认真判断是“真死”还是“假死”，不能放弃任何一点抢救的希望。

194. 如何对伤工作出初步判断?

呼吸不畅和血液循环障碍可引发一系列并发症导致死亡。大量出血或无法止血可导致重症休克，甚至死亡。在这些情况下如果不立即采取救护措施，伤工很快就会死亡。

在对轻伤工进行救护之前，急救人员应该做出初步判断，并纠正致命因素。在做初步判断的时候，不要动伤工，这样有助于维持生命。粗鲁的接触及不必要的移动会加剧疼痛，恶化未被发现的伤。

（1）建立总体印象。观察伤工及其周围环境，建立一个总体印象，以便了解伤工受了什么伤。如果环境不能提供任何受伤迹象，那么很可能是病了，而不是受了伤，应对病人进行视诊和听诊，如果病人清醒，听他们说什么。建立一个总体印象是很重要的，因为这样可以帮助我们对伤工的伤势做出判断，对他们进行提前治疗并转移。

（2）检查精神状态。观察伤工是否清醒，能否作出反应。必要时应该对他进行摇晃或者大声地对他喊叫以便让他有所反应。

（3）检查呼吸情况。如果伤工可以哭和叫，说明他的呼吸道畅通；如果呼吸道被堵，就要用胸部挤压的方法使其畅通，避免对患者不必要的移动或粗鲁的接触。如果伤工停止呼吸，必须马上进行人工呼吸。

（4）检查血液循环。检查颈动脉，如果没有搏动，专业人员开始进行心肺复苏；如果还有搏动，首先用压力止血，伤口应进行包扎。

（5）医治转移伤工。对伤工进行必要的现场急救，当伤工已经出现没有意识或没有反应等危险生命体征时，要尽快转移。

195. 如何在现场对伤工进行详细检查？

在现场对伤工进行详细检查应注意以下事项：

（1）头部。不要移动头部，看是否有捻发音（骨头碎片的摩擦声）、头骨凹陷、头发里的血迹、头皮破口和擦伤（挫伤）。检查耳朵里的排出物。检查一下眼睛是否变色，瞳孔是否等大，是否有异物。看是否有排出物和血液从鼻子里流出，如有液体或者血从耳朵或鼻子里流出来，这有可能是颅骨骨折。

（2）脖子。不要移动头部，检查颈部是否有静脉血管扩张、触痛、畸形等。脊椎骨折，尤其是在颈部区域，可能伴有脑部损伤。通过触诊和视诊看是否有异常现象。在初步检查中应该检查脊椎是否损伤。

（3）胸部。通过观察胸部运动，检查胸部是否有伤口、刺入物、骨折和穿透伤等。如果两边都不起伏，或者一边根本就不动，那可能是肺部或肋骨受到损伤。

（4）腹部。轻触那些异常部位看是否有伤口、穿透伤、刺入物，检查腹部是否柔软，是否有包块。

（5）骨盆。检查骨盆是否有疼痛、触痛以及大便情况。

(6) 四肢。检查异常颜色、肿块、触痛、骨折表现出的畸形。检查感觉和运动情况，瘫痪表明脊椎断裂。

(7) 背部。检查是否有骨头突出，流血和其他伤口。

196. 现场急救常用技术包括哪些内容?

现场急救常用技术包括以下内容：

(1) 人工呼吸。

(2) 心脏复苏。

(3) 止血。

(4) 创伤包扎。

(5) 骨折固定。

(6) 伤工搬运。

197. 为什么要进行人工呼吸?

氧气是人体不可缺少的，因为人体所有生命组织都要依赖于血液携带的氧。氧气通过一呼一吸动作（呼吸）进入体内。呼吸还会把人体内细胞产生的二氧化碳排出体外。

无论在任何时候只要呼吸无效或者停止，生命就会终止。呼吸停止后大脑细胞在 4～6 min 内就会死亡，体内的其他细胞也开始死亡，这是一个不可逆的过程。如果死亡细胞的数量达到一定程度，其他的细胞也未能获取氧气，那么伤工就会死亡。

如果伤工没有呼吸或者呼吸不充分，就必须进行人工呼吸，以强迫空气或者氧气进入肺部，维持伤工生命。

198. 人体是怎样进行呼吸的?

人体进行呼吸时，空气进入肺（吸）和排出肺（呼），要经过鼻子、喉、气管、支气管和肺部。

（1）鼻子。空气在鼻子内加温和加湿。鼻子里的毛和黏液薄膜把吸入空气中大部分灰尘过滤掉。

（2）喉。喉是鼻子和嘴的延伸部分。在它的下端有两个出口，前后排列。前面的那个开口叫做气管，通向肺部。后面的那个开口叫做食管，通向胃部。

（3）气管。在气管的顶部有一个小薄片，叫会厌，它在吞咽食物或液体的时候把气管覆盖住以免进入气管。当一个人处于昏迷状态时，会厌将失去这种功能。因此这时要禁止固态或液态物质进入口腔，因为一旦到了气管或肺部就会引起窒息或者严重的并发症。

如果一个伤工是仰面躺着的，可能引起舌后坠，堵塞气管，影响肺换气，有时候它会把喉咙完全堵塞。如果一个伤工处于昏迷状态或者呼吸受阻，应该采取头部倾斜、抬高下巴的方法使其呼吸道通畅。伤工颈部或者脊椎可能受伤的情况下不主张用这种方法。

（4）支气管。气管延伸到胸腔部位时分为两根支气管，分别通向左、右肺。在肺的内部，支气管就像一棵树的树枝一样，不断延伸、直到变得非常细小。

（5）肺。许多细小的支气管末端形成肺泡，形状很像一小串葡萄。肺泡壁很薄，每个肺泡的四周都是一个由血管和毛细血管组成的网状物，血液通过毛细血管时通过很薄的肺泡壁释放出全身各处产生的二氧化碳、其他代谢物和组织活动产生的副产物，作为交换带走由呼吸进入肺泡的氧气。废弃的二氧化碳和代谢物随着呼出的空气离开肺泡。

199. 人工呼吸适用哪些情况?

人工呼吸适用于触电休克、溺水、有害气体中毒窒息或外伤窒息等引起的呼吸停止、假死状态者。短时间内停止呼吸者，都能用人工呼吸方法进行抢救。

200. 人工呼吸前有哪些准备工作?

人工呼吸前应做好以下准备工作：

（1）首先将伤工搬运到安全、通风、顶板完好且无淋水的地方。

（2）将伤工平卧，解开领口，放松腰带，袒露前胸，并注意保持体温。

如果伤工是俯卧状的，在摆正其姿势时，应在其背后适当位置支撑着脊柱，要确保伤工头、肩膀和躯干同时以一个整体翻滚。

（3）腰前部要垫上软的衣服等物，使胸部张开。

（4）清除口中异物，把舌头拉出或压住，防止堵住喉咙，影响呼吸。

（5）如果脊椎没有受到损伤，可采用头后仰、抬颈（颌）法，或用衣、鞋等物塞于肩部下方，疏通呼吸道，如图 8—1

所示。

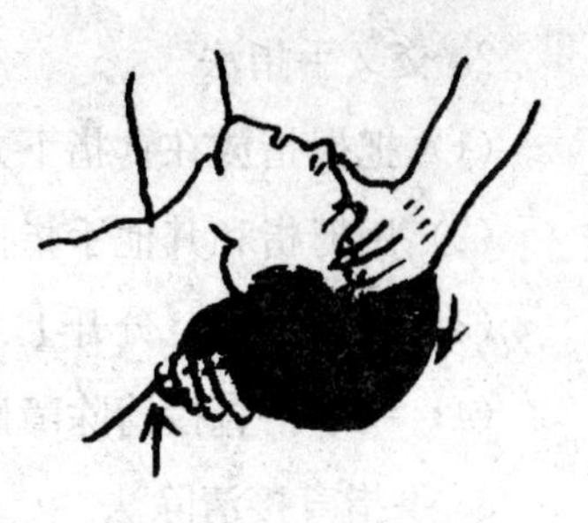

图 8—1　头后仰抬颈法

（6）如果脊椎受到损伤，可采用挤压下颌的方法打通呼吸道，如图 8—2 所示。

（7）在维持呼吸道畅通的同时，急救人员可用耳朵贴近伤工的嘴和鼻子，判断伤工的自然呼吸情况，并且要观察伤工胸部的起伏状况。如果听不到呼吸声音，也看不见胸部起伏，表明伤工已停止呼吸。

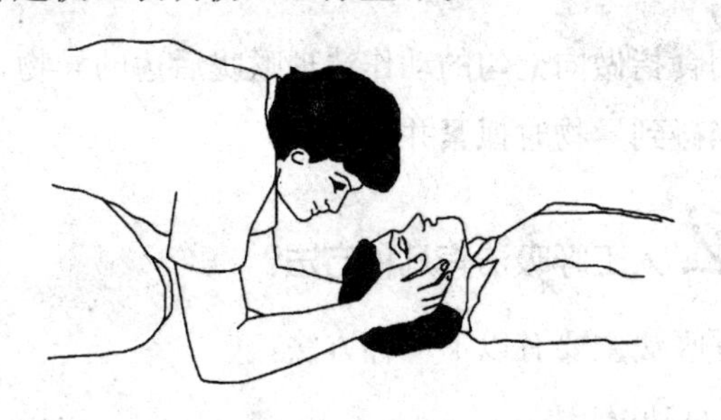

图 8—2　挤压下颌法

201. 如何清除伤工口中异物？

如果昏迷伤工口中有异物，急救人员应该把异物清除。用手按压可以使异物松动，但是它不会弹出。异物清除通常可以采取以下 3 种方法：

1. 抬高下巴—舌头法

（1）打开伤工的嘴，同时抓紧舌头和下巴向上提；

（2）用手指直接清除异物。

2. 交叉手指法

（1）把拇指放在食指下方与之交叉；

（2）用拇指和其他手指把伤工的上额和下颚撑牢；

（3）展开手指，分开上下额；

（4）用手指直接清除障碍。

3. 手指直接清除法

（1）用手撑开伤工的下颌；

（2）另一只手的食指伸入到颊的里面，一直到喉部，舌头的根部；

（3）用食指做向上勾的动作清理喉咙后边的异物；

（4）当碰到异物时抓紧并取出。

202. 人工呼吸法有几种方法?

人工呼吸法主要有以下 4 种方法：

1. 口对口吹气法

口对口吹气法是效果最好、操作最简单的一种方法，即急救者的口对着伤工的口，向伤工的肺里吹气。

（1）使伤工仰卧，急救者在伤工头部一侧，一手托起伤工颈部或下颌，另一手捏紧其鼻孔，以免吹气时从鼻孔漏气。

（2）急救者深吸一口气，口唇紧包伤工口唇，迅速向伤工口内用力吹气，使其产生吸气。

（3）松开捏鼻的手，并用一手压其胸部以帮助呼气。

以上步骤每分钟 14～16 次，有节律、均匀地反复进行，直至伤工恢复自主呼吸为止。注意吹气时切勿过猛、过短，也不宜过长，以占一个呼吸周期的 1/3 为宜，如图 8—3 所示。

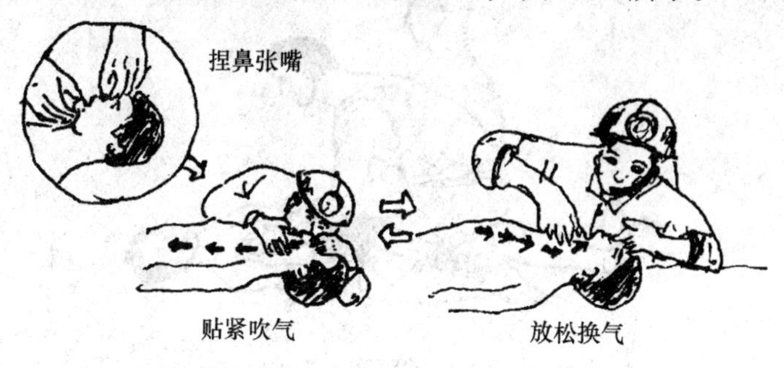

图 8—3　口对口吹气法

2. 仰卧压胸法

（1）将伤工仰卧，急救者跨跪在伤工大腿两侧，两手拇指向内，其余四指向外伸开，平放在其胸部两侧乳头之下，借半身重力压伤工胸部，挤出其肺内空气。

（2）急救者身体后仰，除去压力，伤工胸部依靠弹性自然扩张，使空气吸入肺内。

以上步骤每分钟 16～20 次，有节律、均匀地反复进行，直至伤工恢复自主呼吸为主。此法不能用于胸、背部外伤，肋骨骨折或二氧化硫、二氧化氮中毒者，也不能与胸外心脏挤压法同时进行，如图 8—4 所示。

3. 俯卧压背法

（1）将伤工俯卧，头转向一侧。急救者骑跪于伤工大腿两侧，两手拇指向内，其余四指向外伸开，放于肩胛骨下方，小指置肋弓下缘。借半身重力压伤工胸部，并且使腹部横膈上升形成呼气。

（2）急救者身体后仰，除去压力，伤工胸部依靠弹性自然扩

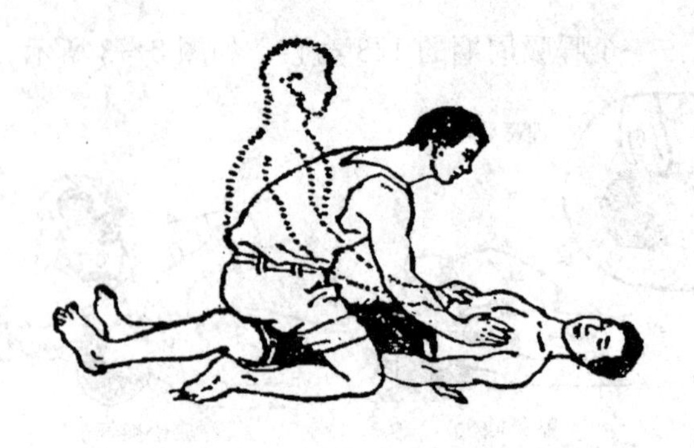

图 8—4　仰卧压胸人工呼吸法

张，使横膈下降，形成吸气。

以上步骤每分钟 14～16 次，有节律，均匀地反复进行，直至伤工恢复自主呼吸为止。此法一般用于溺水窒息的伤工，呼气时使其吐出水和其他分泌物，如图 8—5 所示。

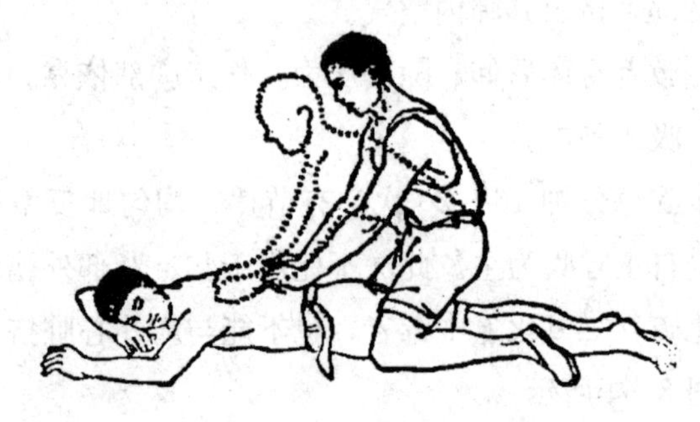

图 8—5　俯卧压背人工呼吸法

4. 举臂压胸法

（1）将伤工仰卧，肩胛下用衣物等垫高。头转向一侧，上肢平放在身体两侧。急救者的两腿分别跪在伤工头部两侧，面对伤工全身，双手握住伤工两前臂近腕关节部位，把伤工手臂拉直过头放平，胸部被迫形成吸气。

（2）将伤工双手放回胸部下半部，肘关节屈曲成直角，稍用力向下压，使胸部缩小形成呼气。

以上步骤每分钟 14～16 次，有节律、均匀地反复进行，直至伤工恢复自主呼吸为止。此法不适用于胸肋受伤者，如图 8—6 所示。

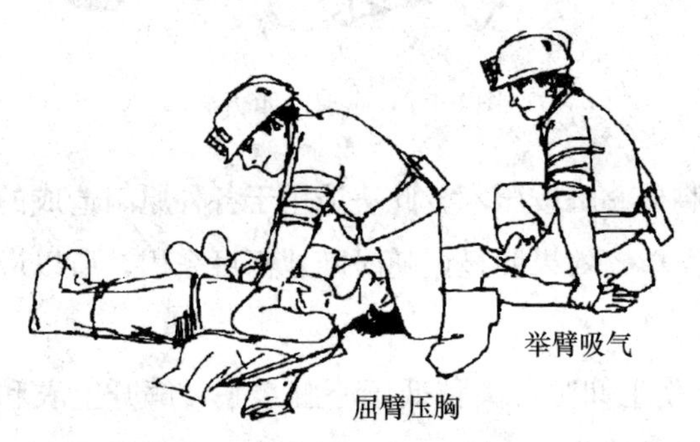

图 8—6　举臂压胸法

203. 心脏复苏有哪两种方法？

心脏复苏主要有心前区叩击法和胸外心脏按压术两种方法。

（1）心前区叩击法。在心脏停搏后 90 s 内，心脏的应激性是很强的，叩击心前区，往往可以使心脏恢复跳动。

此法是用拳头捶击胸部使心脏复跳。具体操作如下：手握拳，在距离胸部上方 30 cm 高度向胸骨下段部位叩击，注意叩击力度，在连续叩击 3～5 次后，应观察脉搏和心音，若恢复则表示复苏成功，反之，应立即放弃，改用胸外心脏按压术，如图 8—7 所示。

图 8—7　心前区叩击法

(2) 胸外心脏按压术。此法适用于各种原因造成的心跳骤停者，操作简单，效果明显，随时随地都可采用，所以应用范围较广。

1) 将伤工仰卧，头稍低于心脏水平，解开上衣和腰带，脱掉胶鞋。急救者位于伤工左侧，手掌面与前臂垂直，一手掌面压在另一手掌面上，使双手重叠，置于伤工胸骨 1/3 处（其下方为心脏），以双肘和臂肩之力有节奏地、冲击式地向脊柱方向用力按压，使胸骨压下 3～4 cm（有胸骨下陷的感觉就可以了），为心脏恢复自主节奏创造条件。

2) 按压后迅速抬手使胸骨复位，以利于心脏的舒张。

以上步骤每分钟 60～80 次，有节律、均匀地反复进行，直至恢复心脏自主跳动为止。按压过快，心脏舒张不充分，心室内血液不能完全充盈；按压过慢，动脉压力低，效果也不好。此法应与口对口吹气法同时进行，一般每按压心脏 4 次，口对口吹气 1 次。切忌用力过猛或者按压在心尖部，否则，可能造成肋骨骨折、心包积血或引起气胸等，如图 8—8 所示。

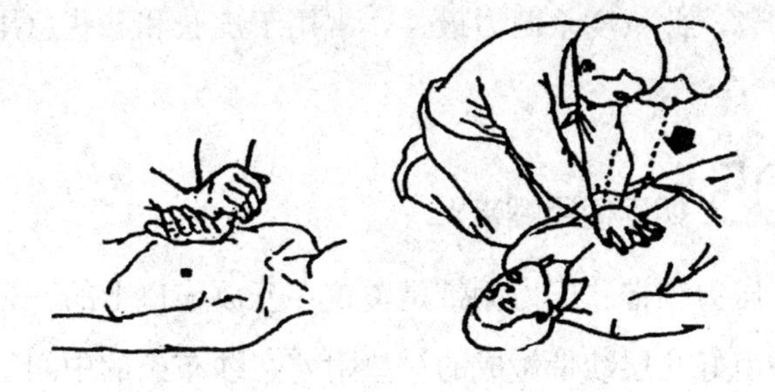

图 8—8　胸外心脏按压术

204. 如何使用外伤常用急救药物?

外伤常用急救药物主要有以下 4 种，它们的使用方法如下：

（1）红汞。红汞俗称红药水（也叫二百二），浓度是 2%。该药刺激性小，穿透力弱，消毒效力只对浅表处有防腐杀菌作用，多用于皮肤伤口处的消毒或代替碘酒用于会阴部消毒。使用时，用棉花沾上药水涂于伤处。

（2）紫药水。紫药水浓度是 1%。该药对局部没有刺激性，多用于伤处的消毒以及化脓感染、糜烂创面、小面积烫伤的消毒。使用方法同红汞。

（3）碘酒。常用的碘酒由碘片和碘化钾与 75%的酒精配制而成，浓度是 2.5%。该药浓度越高，杀菌力越强，但对局部的刺激性也大，多用于皮肤消毒。

使用碘酒应注意不要涂在会阴部或伤口上；待涂上的碘酒稍干后，应立即用酒精擦去，使其脱碘；此外，碘酒不能与红汞同时使用，以免两种药物形成碘化汞被人体吸收后引起中毒。

（4）酒精。酒精是无色、易燃和易挥发的液体，常用浓度是

70%～75%。此浓度杀菌力最强，常用于皮肤和某些急用器械的消毒。

205. 如何使用绷带？

（1）压力绷带。压力绷带是覆盖在开放伤口上的一种特殊敷料。它是由好几层纱带做成的衬垫附着在纱布条的中间组成。压力绷带经常是折叠着的，这样纱布衬垫就可以直接用来覆盖在开放的伤口上，而不会被空气和手污染。纱布衬垫两端的纱布条可以折叠起来，这样容易被打开，而且易于将这种灭菌衬垫置于需要包扎的地方。除了特殊情况，所有的压力绷带和敷料都应该用三角绷带或者是绷带卷裹起来。

（2）使用绷带的注意事项：

1）要确保伤口周围有绷带或纱布，并且用覆盖敷料把绷带或纱布完全盖住。

2）绷带要勒紧伤口，但不要太紧。太紧了绷带会损伤周围的组织，尤其是肿胀的时候妨碍血液流动，太松了绷带又会滑落。

3）在包扎胳膊和腿的时候，不要把手指和脚趾包扎进去，以便随时观察血液循环的情况。

4）如果伤工说系得太紧了，就松动一下，使其舒适。除非特殊情况，所有的结都应该打在开放性伤口的上方用来帮助止血。

5）如果绷带被血浸透，再加一条绷带或其他敷料，不要动原来的绷带。

206. 如何使用医用纱布?

在可用的敷料中，纱布有多种用途；普通的纱布可以用来替代压力绷带覆盖大面积伤口和躯干上的伤口。不同尺寸的纱布都被做成小捆状。遇到大量出血或者大面积需要稳定嵌入物时，一般就要用多层纱布。应该注意不要用手接触敷到伤口上的那部分纱布。

纱布绷带卷是一种能自我黏附、尺寸合适的绷带。其舒适、多层、交叠包裹的特性使其能够更安全地包扎住伤口。

创可贴是一种可自我黏附、有纱布盖住伤口的绷带，其衬背紧贴在伤工的皮肤上。

207. 如何使用三角巾悬带?

三角巾可以用来做临时的止血带、支撑骨折和脱臼处、用作夹板和做悬带。当用一块规则的三角巾不够长时，可以再拿一条三角巾接起来用。

悬带用来支撑肩膀、上肢或者肋骨的受伤处。

1. 三角悬带

系三角悬带的步骤如下：

（1）把一块展开的三角巾的末端放在受伤肩膀的一侧上面。

（2）让绷带从胸前自然下垂，这样绷带的顶点恰好在受伤胳膊肘的外面。

（3）用手把胳膊肘轻轻弯曲抬高约 10～13 cm。

（4）把前臂横于胸前并放在垂于胸前的绷带上。

（5）拿着绷带的另一端绕过未受伤的那个肩膀，然后在未受伤脖子一侧系住（向背后）。

（6）把绷带的顶点扭住，塞在胳膊肘的下面。

（7）把手也要支撑住，手指露在外面以便观察血液循环的情况。

2. 带状悬带

系带状悬带的步骤如下：

（1）把其中一端放在受伤肩膀上面。

（2）让绷带从胸前自然下垂。

（3）用手把胳膊肘轻轻弯曲抬高约 10～13 cm。

（4）把前臂放在垂于胸前的绷带上。

（5）拿着绷带的另一端绕过未受伤的那个肩膀，然后在未受伤脖子一侧系住（向背后）。

3. 篮状悬带

在运送或搬动一个被怀疑颈部受伤或昏迷的患者时，受伤的双臂可能带来不便，这时悬带是很有用的。用一条打开的三角绷带，步骤如下：

（1）顶点朝下，平铺在伤工的胸部。

（2）双臂弯曲放在绷带上面。

（3）把绷带两端系在一块。

（4）把顶端翻过来系在刚才的那个结上。

208. 如何对伤口进行初步处理？

在现场进行伤口的初步处理时，必须注意消毒，以防止发生化脓感染、破伤风和气性坏疽等病症。一般步骤如下：

（1）清洗。可用生理盐水或井下供给水，把覆盖在伤口和周围皮肤上的煤尘、污物冲洗干净。

（2）止血。对出血的伤口，要视现场条件与情况及时止血。

（3）包扎。浅伤口，待冲洗后涂红药水或紫药水，用纱布覆盖包扎；伤口内有较大的异物时，可酌情取出后，再包扎；如遇伤口有脑组织、肠、骨膨出时，应用干净碗和纱布扣住膨出组织，再进行包扎，以防挤压损伤；对开放性骨折伤口的处理，要特别慎重，注意严格无菌操作，伤口要用纱垫或其他消毒敷料覆盖，然后再进行临时固定。

209. 什么是血液循环系统？

血液循环（心血管的）系统包括心脏、血和血管，把血液传输到全身各处。血液在心脏压力作用下，把氧和营养物质带入体内细胞中，同时把体内产生的代谢物及二氧化碳排出体外。

1. 心脏

人的心脏是一个中空、拳头大小的肌肉泵，位于胸腔中间区域偏下位置。它有四个腔室，而且是一个具有单向阀门的系统，这样可以保证血液以正确的方向流动。在心脏压力作用下，血液保持一定压力在全身不停地流动着。

2. 血液

血液包括血浆、红细胞、白细胞和血小板。

（1）血浆是一种像水一样、带咸味的液体，它负责携带血细胞把营养物质送往全身各个组织。它也负责把组织，特别是器官排泄出的代谢物携带出来。

（2）红细胞使血有了颜色，把氧分子带到各个细胞，然后再把二氧化碳分子从细胞中换出带到肺部。

（3）白细胞帮助消灭体内的细菌，产生抗体保护身体免受感染。

（4）血小板可以防止出血，形成血液凝块，可以帮助止血。

3. 血管

被氧化过的血从心脏流经一条大动脉，叫做主动脉。从这条大动脉延伸出许多动脉分支，从这些动脉分支上又延伸出许多更小的动脉分支。这些动脉分支一分再分，直到它们变得非常细小，最后变得就像线一样细的血管，就是我们所说的毛细血管，深入到各个器官和组织中。

血液把必需的营养和氧气运输到人体各个器官和组织后，然后把代谢物，尤其是二氧化碳带出。血液会沿着叫做静脉的血管系统流回心脏。静脉通过毛细血管与动脉相连。

210. 为什么要对伤工进行止血?

人体内的血液体积因人而异，主要与体型有关。血液约占人体体重的1/15～1/12。一个体重为67.5 kg的人约有5～6.6 L的血，占体重的7%。

如果某个组织接收不到富含氧的血，就会死亡。一个成人如果损失1.14 L的血，就被认为是严重出血。1～2 h内如果损失1.7 L的血将有生命危险。身体某些部位会在很短时间内发生严重出血。切割开颈部、臂和大腿处的血管，胸腔或腹腔内的主干血管的破裂将会在 3 min 内致命，失血将会导致休克，这是因为没有足够的血液把氧和营养物质带给组织，体内所有代谢过程都会受到影响。当人处于休克的时候，体内的主要功能就会受影响，生命活动就有困难，出现面色苍白、出冷汗、口渴、四肢发凉、脉搏加快、血压下降和烦躁不安等症状。如果抢救不及时或处理不当，就会使伤工因出血过多而死亡。因此，要迅速、正确、有效地进行止血。

211. 外出血的类别有哪几种？各有什么特点？

外出血根据血管类型的不同可以分为动脉出血、静脉出血和毛细血管出血。它们的特点是：

（1）动脉出血。动脉血管是一种比较厚、肌肉壁比较发达的血管，用来运输从心脏里出来的血。接受到新鲜氧气后的血呈现鲜红色。当动脉受到严重损伤时，鲜红色的血就会从伤口喷射而出。动脉里的血直接来自心脏，因此，心脏每收缩一次，血液就会大量、快速地喷射一次。

（2）静脉出血。静脉里的血以比动脉压力小的血压单向流回心脏。当静脉损伤时，血液流经伤口时是稳定地、大量地出血。静脉血管里的血已经把所带的氧和营养物质输送给组织和器官了，返回时携带着二氧化碳和其他代谢物，所以静脉血呈现的是暗红色。

大的静脉受到损伤时，比如颈部的静脉，可能会吸入小碎片和气泡。血流中的气泡就是我们所说的气泡血栓，会带入心脏引起心脏跳动紊乱或停止跳动。

（3）毛细血管出血。毛细血管是非常细小的血管，内部已经进行过氧气、二氧化碳、营养物质、代谢物的交换。出血比较慢，呈渗出状。

毛细血管出血一般是受了轻伤或是擦伤造成。如果是大面积皮肤受伤，那么受感染的危险性比失血要严重得多。

尽管对各种类型外出血的治疗方法是一样的，但是动脉和静脉外出血的处理措施比较重要。特别是动脉出血经常是大量的、处于高压状态，凝血块很难形成，所以很难控制。

212. 常用的暂时性止血方法有几种？

常用的暂时性止血方法有以下5种：

1. 手压止血法

用手指、手掌或拳头将出血部位靠近心脏一端的动脉用力压住，以阻断血流，达到临时止血的目的。这是现场急救最简捷、有效的临时止血措施。适用于头、面部及四肢的动脉出血。采用此法止血后，应尽快采用其他更有效的止血措施，如图8—9所示。

2. 加压包扎止血法

这是最常用的有效止血方法，适用于全身各部位的静脉出血。将干净毛巾或消毒纱布、布料等盖在伤口出血处，随后用布带、绷带或三角巾加压缠紧，并将肢体抬高，也可在肢体的弯曲处加垫，然后用布带缠好，即可止血，如图8—10所示。

3. 加垫屈肢止血法

当前臂和小腿动脉出血不能制止时，如果没有骨折或关节脱

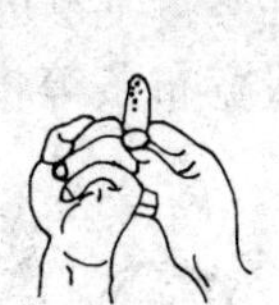

手指的止血压点及其止血区域

手掌的止血压点及其止血区域

前臂的止血压点及其止血区域

肱骨动脉止血压点及其止血区域

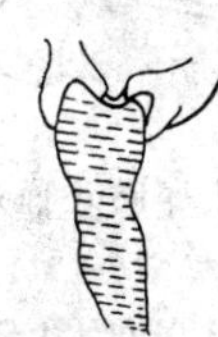

下肢骨动脉止血压点及其止血区域

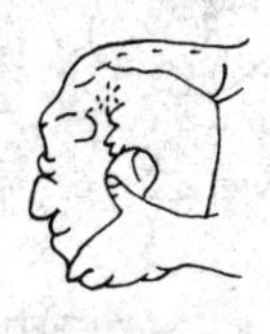

前头部止血压点及其止血区域

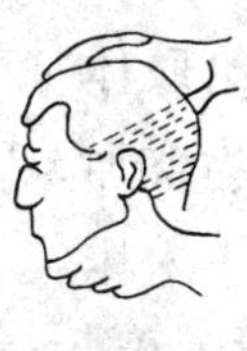

后头部止血压点及止血区域

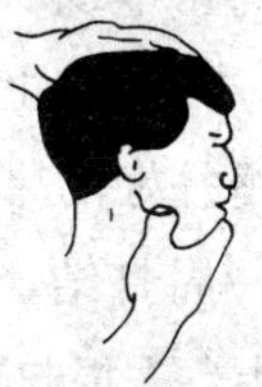

面部止血压点及其止血区域

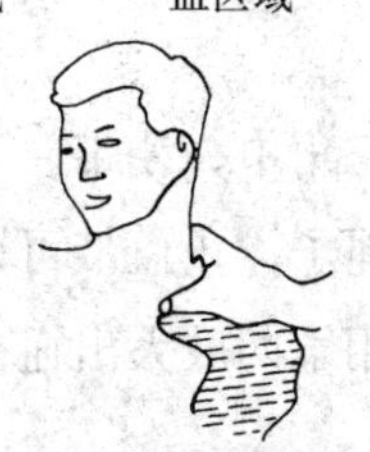

锁骨下动脉止血压点及其止血区域

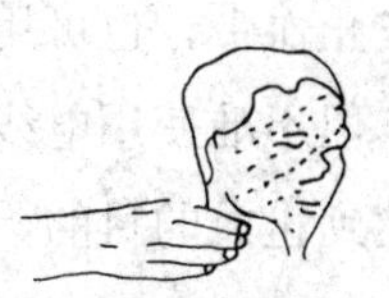

颈动脉止血压点及其止血区域

图 8—9　指压止血法

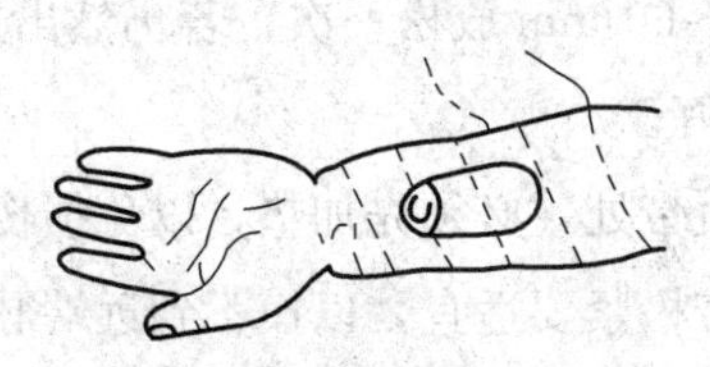

图 8—10　加压包扎止血法

位，可采用加垫屈肢止血法。在肘窝或膝窝处放上叠好的毛巾或布卷，然后屈肘关节或屈膝关节，再用绷带或宽布条等将前臂与上臂或小腿与大腿固定好，如图 8—11 所示。

4. 绞紧止血法

如果没有止血带，可用毛巾、三角巾或衣料等折叠呈带状，在伤口上方给肢体加垫，用叠好的带状物绕加垫肢体一周打结，用小木棒插入其中，先提起绞紧至伤口不出血，然后固定，如图 8—12 所示。

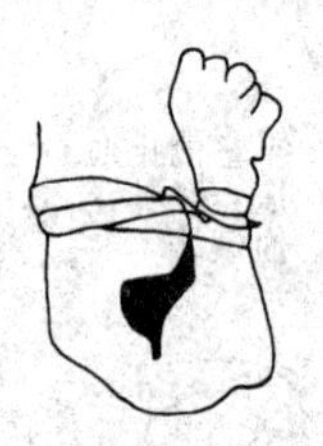

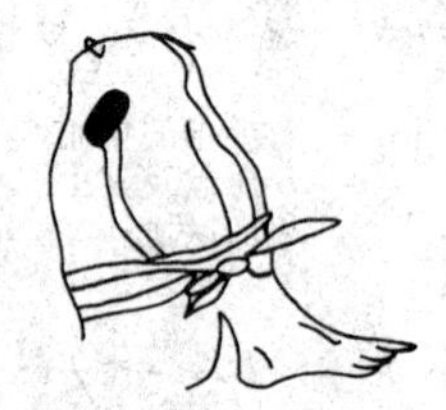

图 8—11　加垫屈肢止血法

5. 止血带止血法

通常用橡皮止血带，也可用大三角巾、绷带、手帕、布腰带等代替止血带，但不准使用电线或绳子。止血带可以把伤口近心端血管压住，达到止血的目的，适用于四肢大出血。使用止血带止血，必须注意以下几点：

（1）要留有标记，写明使用时间，以免忘记定时放松，造成肢体缺血过久而坏死。

（2）一般 30～60 min 放松一次；若仍然出血，可压迫伤口，过 3～5 min 再缚好。

（3）在扎止血带处，必须先加垫，以免损伤皮下的神经。

（4）扎止血带松紧要适宜，以摸不到远端脉搏和出血停止为准。

（5）受严重挤压伤体不能扎止血带。如图 8—13 所示。

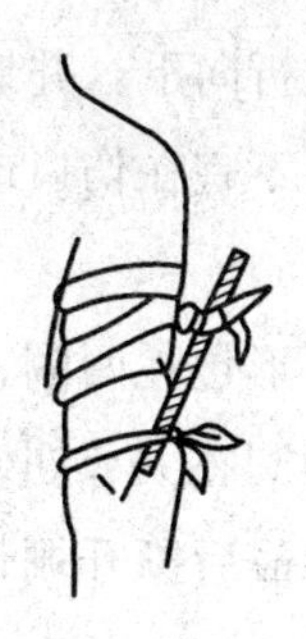

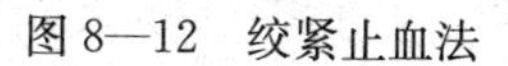

图 8—12　绞紧止血法

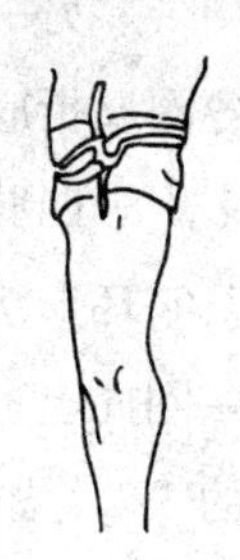

图 8—13　止血带止血法

213. 为什么对创伤进行包扎？

在井下作业过程中，人的皮肤可能发生破损、裂口或出血等创伤。包扎是一般皮肤创伤所用的现场急救方法，它具有保护伤口，使创面减少感染，减轻伤工疼痛，固定敷料、夹板位置，止血，以及防止继发损伤的作用。

214. 包扎方法有几种？

常用的包扎方法有以下 4 种：

1. 绷带包扎法

(1) 环形法。将绷带作环形重叠缠绕肢体数圈后，剪开带尾打结。此法适用于头部、颈部、腕部和胸部。

(2) 螺旋法。先用环形片固定起始端，把绷带渐渐地倾斜上缠或下缠，每圈压前圈的 1/2～1/3，依次螺旋形上升，直到把创面包住，然后撕开绷带打结。此法适用于前臂、下肢和手指等部位的包扎。

(3) 螺旋反折法。先做螺旋法包扎，绕到变粗的部位，以一手拇指按住绷带，另一手将绷带自交点反折向下，并遮盖前圈的1/2～1/3。各圈反折应排列整齐，反折头不宜在伤口或骨头突出部分，该法多用于四肢。

（4）“8”字环形法。先在关节中部环形包扎两圈，然后以关节为中心，一圈向上、一圈向下缠绕，两圈在关节屈侧交叉，后圈压住前圈的1/2，如此依次缠绕数圈，最后撕开绷带打结。此法适用于关节部位的包扎。

包扎法如图8—14所示。

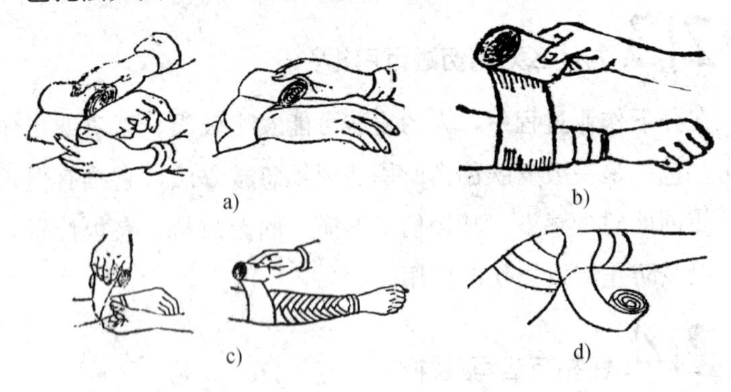

图8—14　绷带包扎法

a）环形包扎法　b）螺旋包扎法　c）螺旋反折包扎法

d）“8”字环形包扎法

2. 三角巾包扎法

将一块1 m^2的布沿对角线剪开即成两块大三角巾。在井下也可以将衣服布片折叠成三角来代替。三角巾用途多种多样，适用于身体各部位的包扎。

（1）面部包扎法。把三角巾的顶角先打一个结，然后把顶角放在头顶部，三角巾的中心部分包住面部，在眼、鼻和嘴四处剪开小口，把左右底角拉到颈后交叉，再绕到前左颌下打结。

（2）头部包扎法。将三角巾的长边折成二指宽，放于前额与眉弓相平，顶角向后包住头部，两底角沿耳上缘拉至后枕，交叉成一个半结，将顶角塞到结里，然后拉紧左右角，沿两耳上包绕到前额眉弓处打结。

（3）肩部包扎法。将三角巾折成燕尾形，燕尾底边放在肩部下，两燕尾底边角在腋下后方打结，向上栓紧两燕尾角，包住肩部，两燕尾分别经胸前与背后拉向对侧肢下打结。

（4）胸（背）部包扎法。将三角巾底边横放于胸前，两底角经腋下向背部打结，顶角放在伤侧肩上，接一小带，拉向腰部与三角巾底角打结。

背部包扎与胸部相同，不同的是从背部包起，在胸部打结。

（5）腹部包扎法。将三角巾底边横放于上腹部，两底角拉向后方紧贴腰部打结，顶角朝下，在顶角处接一小带，将顶角从两大腿之间拉向臀部，与在腰下打结后的底角再打结。如果腹部伤口有内脏膨出现象，先在内脏膨出处盖一块干净的敷料，如用一只碗扣住，然后再按照上述包扎顺序进行包扎。

（6）手足包扎法。将手掌放于三角巾中央，顶角折回盖于手背上，两底角左右包绕手背做交叉，并将顶角反折于交叉之上，然后两底角再绕腕部一周压住顶角打结。足部包扎与手部包扎基本相似。

如图 8—15、图 8—16 和图 8—17 所示。

3. 毛巾包扎法

（1）头部包扎法。将毛巾横盖于头顶部，包住前额，两角拉

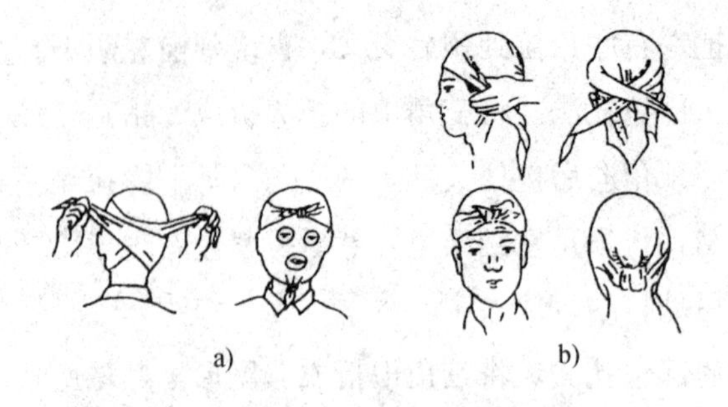

图 8—15　三角巾面、头部包扎法

a）面部包扎法　b）头部包扎法

向头后打结，两后角拉向下颔打结。

另一种包扎法是将毛巾横盖于头顶部，包住前额，两前角拉向头后打结，两后角向前折叠，左右交叉绕到前额打结。如果毛巾短可打一小带。

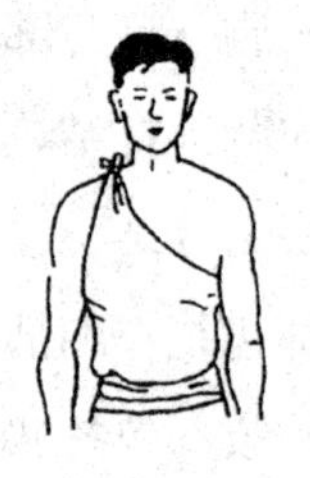

图 8—16　三角巾肩部包扎法

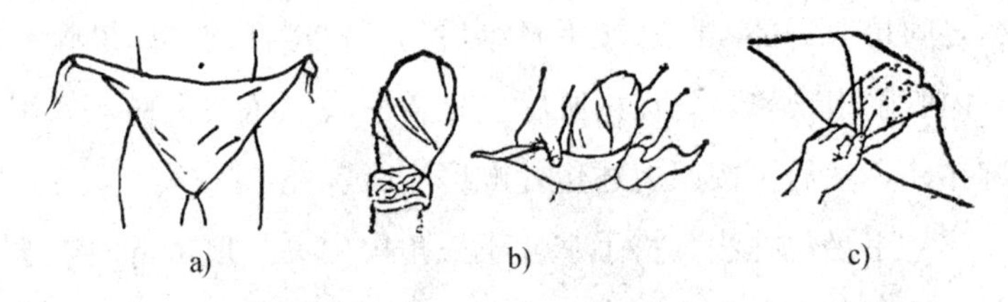

图 8—17　三角巾手足包扎法

a）腹部包扎法　b）手部包扎法　c）足部包扎法

（2）面部包扎法。将毛巾横置，盖住面部，向后拉紧毛巾的两端，在耳后将两端的上下角交叉后分别打结。位于眼、鼻和嘴处剪一小口。

（3）下颌包扎法。将毛巾纵向折叠成四指宽的条状，在一端扎一小带。毛巾中间部分包住下颌，两端上提，小带经头顶部在另一侧耳前与毛巾交叉，然后小带绕前额及枕部与毛巾另一端打结。

（4）肩部包扎法。单肩包扎时，将毛巾斜折放在肩部，腰边穿带子在上臂固定，叠角向上折，一角盖住肩的前部，从胸前拉向对侧腋下，另一角向上包住肩部，从后背拉向另一侧腋下打结。

（5）胸（背）部包扎法。全胸包扎时，毛巾对折，腰边中间穿带子，由胸部围绕背后打结。胸前的两片毛巾折成三角形，分别将角上提至肩部，包住双侧胸，两角各加带过肩到背后与横带相遇打结。背部包扎与胸部相同，不同的是从背部包起，在胸部打结。

（6）腹（臀）部包扎法。将毛巾斜对折，中间穿小带，小带的两端拉向后方，在腰部打结，使毛巾盖住腹部。将上下两片毛巾的前角各接一小带，分别绕过大腿根部与毛巾的后角在大腿外侧打结。臀部包扎与腹部相同。

（7）膝部包扎法。将毛巾折成适当宽度的斜条带，两端各接一小带，然后用折好的毛巾包住膝部一周，两端的小带分别压在上边与下边后打结。

（8）前臂（小腿）包扎法。将毛巾的一角向内折起，然后从前臂（小腿）下方向上做螺旋包扎，最后用带子固定。

（9）手（足）包扎法。将毛巾放平，指端对着毛巾一角，翻起此角盖于手（足）背，毛巾同一端的另一角也翻过手（足）背压于手（足）掌下，将毛巾围绕手（足）掌进行包扎，在腕（踝）部加带固定。

如图 8—18 所示。

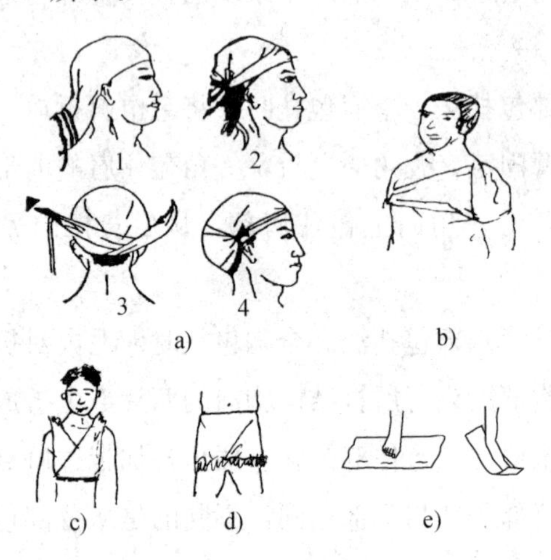

a)　b)　c)　d)　e)

图 8—18　毛巾包扎法

a）头顶部包扎法　b）肩部包扎法　c）胸部包扎法
d）腹部包扎法　e）手足包扎法

4. 四头带包扎法

四头带就是将折叠好的方形敷料的四个角各接一小带而成。在井下现场可以利用宽布料或毛巾来制作。此法适用于鼻、眼、下颌，前额及后头部的伤口包扎。

（1）额部包扎法。将四头带放于额部，下边两带拉向头后部打结，上边两带向下拉至下颌处打结。

（2）后头部包扎法。将四头带放于头后部，下边两带向前拉至前额打结，上边两带向下拉至下颌打结。

（3）眼部包扎法。四头带中央部分遮盖眼部，四条带子分别接到头后部打结。

（4）下颌包扎法。将四头带中央部分兜住下颌，下边两带分别从头部两侧上提到头顶打结，上边两带分别从头部两侧拉到枕下打结。

（5）鼻子包扎法。将四头带中央部分包住鼻子，下边两带向上提至头后部打结，上边两带拉至枕下打结。

如图 8—19 所示。

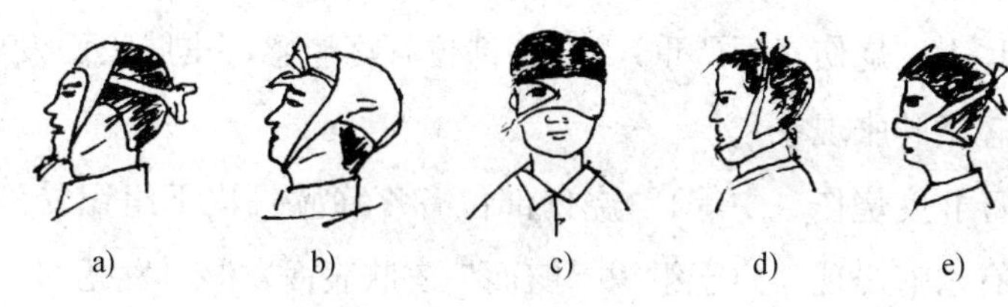

图 8—19　四头带包扎法

a）额部包扎法　b）后头部包扎法　c）眼部包扎法

d）下颌包扎法　e）鼻子包扎法

215. 烧伤对人体有什么危害？

烧伤是软组织受到伤害。相对于外伤而言，它对人的伤害程度更为严重。烧伤能够损坏人的肌肉、骨骼、神经和血管；能使人的眼睛失明而无法医治；能损坏人的呼吸系统，堵塞呼吸通道，发生呼吸衰竭甚至停止呼吸。烧伤不仅会对伤工的肉体造成伤害，而且还会在情感上和心理上给伤工带来可能伴随其一生的其他问题。

烧伤或烫伤的严重程度一方面与皮肤的烧伤面积有关，另一方面与软组织受到伤害的程度有关。通常认为，在二度烧伤或烫伤的情况下，如果烧伤面积达到整个身体表面积的 2/3，那么伤工就有生命危险；在三度烧伤的情况下，即使烧伤面积远远低于身体表面积的 2/3，也可能导致死亡。当烧伤面积很大时，可能会出现严重的休克，在数小时内就会导致伤工死亡。

216. 烧伤如何进行分类？

按照烧伤的范围和程度将烧伤分成以下 3 类：

1. Ⅰ度烧伤（不严重）。烧伤部位有疼痛感，皮肤表面发红，并有轻微肿胀现象。

2. Ⅱ度烧伤（中等）。烧伤部位有疼痛感且皮下组织受到影响。有水疱出现，由于组织暴露而使皮肤表面发湿、发亮。

3. Ⅲ度烧伤（严重）。由于烧伤部位的神经末端被破坏，从而使得烧伤部位没有感觉。皮肤被损坏，且肌肉组织和下部的骨骼可能受到伤害。皮肤表面被烧焦，颜色呈现白色或浅灰色。

217. 如何对烧伤进行急救？

对烧伤的伤工进行急救时，通常要依据烧伤的原因和烧伤的严重程度来确定采取何种处理措施。

对烧伤或烫伤的伤工进行紧急救护时，首先应该排出烧伤部位的空气，减轻由于烧伤而带来的疼痛，尽量避免伤工休克，同时要防止伤口的感染。

除去伤工受伤部位上的所有衣服和装饰物（如项链、手表等），但如果衣服和皮肤粘在一起时，就应沿着伤口的四周剪去其余衣服，而不要触动伤口。由于伤工通常会有发冷的感觉，因此除了露出烧伤部位外，应该用毯子给伤工遮盖好。用于烧伤和烫伤的急救包扎敷料不应该含有任何油类。如果在简单处理烧伤的过程中用到了油脂，那么在正式治疗前必须用溶剂将伤口清洁干净。这样不但延误了治疗时间，同时又增加了伤工的痛苦。

包扎敷料时必须仔细、小心。如同裂开的伤口一样，烧伤和烫伤的表面很容易受到感染，因此，要特别注意保持受伤部位清洁卫生。不要故意挑破伤口上的水疱。

一定不要让烧伤部位间相互接触，比如手指间或脚趾间，耳朵和头部侧面，手臂表面和胸部，腹股沟的交叠处等类似的地方。包扎的绷带不能太紧，以免对烧伤表面造成挤压。在烧伤部位包扎敷料后，通常会出现肿胀现象，因此需经常检查这些地方，以确保绷带不会太紧。对于休克的伤工，应该经过简单的处理，然后尽快将其送到医院进行治疗。

218. 什么是骨骼系统?

骨骼系统由骨、关节（骨连接）两部分组成。骨与关节相连，构成人体的支架。它们的主要作用是保护内部器官、支持自身质量，运动时成为肌肉收缩的杠杆。同时骨髓具有造血的功能。

1. 骨

骨按其所在的部位分为头颅骨、躯干骨和四肢骨，通过韧带或软骨连接形成骨架。成年人骨的总数为 206 块。

（1）头颅骨：

1）脑颅骨。脑颅骨构成颅腔，用以保护脑。在工伤事故中，颅骨骨折，特别是颅底骨折，常常危及伤工生命。脑颅骨共 8 块。

2）面颅骨。面颅骨形成面部的支架。面颅骨共 15 块。

3）听小骨。听小骨为内耳的骨性传导系统。听小骨共 6 块。

（2）躯干骨：

1）脊椎骨。脊椎骨可分为椎体和椎弓两部分，椎体和椎弓共同围成椎孔。所有椎孔相连成为椎管，容纳脊髓。工伤事故中，常因椎骨骨折损伤脊髓而导致截瘫。脊椎骨共 26 块，其中颈椎 7 块，胸椎 12 块，腰椎 5 块，骶椎 1 块，尾骨 1 块。

2）肋骨。肋骨体在前 2/3 与后 1/3 交界处，称肋骨角。当肋骨受伤时往往容易骨折，特别是第 4 至第 7 对肋骨。严重的肋骨骨折常可伤及肺脏，引起气胸、血胸等。外力作用左侧胸腔下位或肋骨骨折可伤及脾脏，外力作用右侧胸腔下位或肋骨骨折可伤及肝脏。肋骨共 12 对。

3）胸骨。胸椎、肋骨和胸骨连接组成胸廓，上宽下窄，横径大于前后径。胸廓有保护心、肺等胸腔脏器的作用。胸骨共 1 块。

（3）四肢骨。四肢骨包括上肢骨（两侧共 64 块）和下肢骨（两侧共 62 块），共 126 块。它们都是由肢带骨和游离骨组成。在生产劳动中，四肢骨外伤比较多见。

1）上肢骨主要由肩胛骨、锁骨、肱骨、桡骨、尺骨、手骨组成。锁骨易摸到，其中段是骨折的常见部位。肱骨头的外侧有一隆凸为大结节，其下方较细，常易骨折。肱骨干的中下 1/3 处有桡神经沟，此处骨折易合并桡神经损伤。桡、尺骨都在前臂，尺骨在前臂内侧，桡骨在外侧。

2）下肢骨主要由髋骨、股骨、胫骨、腓骨、足骨组成。股骨位于大腿部，上端有球形的股骨头，其下方狭细部分为股骨颈，易骨折。胫、腓骨都在小腿，胫骨在小腿内侧，腓骨在外侧。

2. 关节

人体的活动主要靠关节运动来完成。关节的构造包括关节面、关节囊和关节腔3部分。组成关节的各个骨端的关节面在受伤时，易失去正常的互相连接关系，彼此移位不能自行复位时，称为脱位。

219. 如何处置关节脱位？

1. 脱位

两块或几块骨头连在一起，形成关节。组成关节的骨头位置是固定的，它们之间通过筋和被称为韧带的纤维组织来连接。有三种关节类型：非动关节，限动关节，自由能动关节。当组成关节的一块或几块骨头滑脱正常的位置时，就形成脱位。脱位时，维持骨头位置的韧带被拉伸，有时可能被撕裂。脱位经常会造成骨折。急救人员特别关注的是自由能动关节——诸如下颚、肩膀、肘部、腕部、手指、臀部、膝盖、踝部和脚趾等，这些关节最可能发生脱位现象。

2. 脱位的一般症状

脱位的一般症状如下：

（1）受伤部位僵直，能动关节变成不能动，丧失活动功能；

（2）受伤部位周围肿胀变形、变色；

（3）受伤部位疼痛或触痛。

3. 脱位的一般急救

脱位的一般急救并不是减少脱位的技术。如果在治疗脱位上缺乏经验，那么可能会严重地伤害关节周围的韧带、血管和神经。如果有必要，应该使用夹板和（或）绷带来包扎受伤关节，并与关节的变形方向保持一致，然后寻求医疗帮助。

220. 骨折分为哪两类？

骨骼受到外力作用，骨头的连续性或完整性遭部分或完全破坏，称为骨折。几乎所有的骨折和错位都发生在四肢的骨骼和关节处。

骨折分为以下两类：

（1）开放式（复合）骨折。骨头已经断裂，出现外部伤口。断骨的一端常常会从伤口突出来。

（2）闭合式（简单）骨折。不出现外部伤口，但是骨头已经断裂。

221. 骨折抢救要点是什么？

骨折抢救要点主要有以下 4 方面内容：

（1）根据受伤的原因、部位、症状、体征等，先做简单的检查和判断，凡疑有骨折者均应按骨折处理。若伤工发生休克，则应先抢救；对开放性骨折的伤工，应先处理创口止血，然后再进行骨折固定。

（2）在进行骨折固定时，应使用夹板、绷带、三角巾、棉垫等物品，若手边没有时，可就地取材，如板劈、树枝、木板、木棍、硬纸板、塑料板、衣物、毛巾等均可代替。必要时也可将受伤肢体固定于伤工健康侧肢体上，如下肢骨折可与健康侧腿绑在一起，伤指可与邻指固定在一起，若骨折断端错位，救护时暂时不要复位。即使骨折断端穿破皮肤露出外面，也不可进行复位，而应按受伤原状包扎固定。

（3）骨折固定应包括上、下两个关节，在肩、肘、腕、髋、膝、踝等关节处可垫上棉花或衣物，避免压破关节处皮肤，固定应以伤肢不能活动为宜，不可过松或过紧。

（4）在处理骨折时，应注意有无内脏损伤、血气胸等并发症，若有应先行处理。

222. 固定夹板时应注意哪些事项？

对于有可能骨折的地方，都应该按照骨折进行处理，并用夹板固定起来。夹板能够阻止受伤部位及其附近关节的活动。如果可能的话，用夹板来固定和支撑受伤部位一侧的所有关节和骨骼。

固定夹板时应注意以下事项：

（1）通常从可能骨折或脱位的部位除去所有的衣服；

（2）不要试图把露出伤口的骨端推回原位；

（3）不要试图拉直折骨；

（4）打夹板前用消毒敷料覆盖住伤口；

（5）为有助于支撑受伤部位，避免周围肢体受到挤压，要给夹板加上软质材料的衬垫；

（6）在身体呈自然拱形的下方要全部加上衬垫，诸如膝关节、腕关节等；

（7）应用夹板时要支撑起受伤部位；

（8）夹板要系牢固，但不要太紧，以免影响血液循环或引起不适的疼痛；

（9）可能的话，应抬高受伤部位。

223. 骨折的临时固定有哪些方法？

骨折固定可以减轻伤工的疼痛，防止因骨折端部移位刺伤周围的血管、神经、肌肉、内脏或皮肤等，便于伤工的搬运，也是防止创伤休克的有效急救措施。

临时固定骨折的材料主要有夹板和敷料。夹板有木质的和金属的，在作业现场可就地取材，利用木板、木柱、竹笆等临时制成。敷料用做垫子的棉花、纱布、衣服布片以及固定夹板用的三角巾、绷带、布条和小绳等。在不用夹板固定时，也可采用伤工身上衣物进行临时固定。

1. 前臂骨折临时固定方法

（1）使用夹板时。在前臂的掌侧和背侧各放置一块夹板，用三角巾或布条将夹板两端分别固定。然后前臂屈曲 90°，用大悬臂带悬吊于胸前。

（2）不使用夹板时，可利用伤工身上的工作服进行临时固定。将伤工衣襟反折兜住前臂，衣襟角剪一个小孔，扣在第二个纽扣上，再将上臂用布带绕胸固定。或者用三角巾或衣服布片做

图 8—20　前臂骨折固定法

大悬带将前臂吊于胸前，然后用一条宽布带将上臂与胸部绑在一起固定，如图 8—20 所示。

2. 上臂骨折的临时固定方法

(1) 使用夹板。可用 1～3 块夹板。当使用 1 块夹板时，夹板放在上臂外侧；用 2 块夹板时，夹板放在上臂的内、外侧各一块；用 3 块夹板时，夹板放在上臂的前、后、外侧各 1 块。夹板与上臂之间要放衬垫，然后用三角巾或布条等在骨折部位的上下两端绑在上臂固定。再用一条三角巾做小悬臂带，将前臂屈曲 90°吊于胸前。

(2) 不使用夹板。将三角巾或衣服布片折成四指宽的带状，将上臂固定在胸部一侧，再将前臂屈曲 90°吊于胸前，如图 8—21 所示。

a)

b)

图 8—21　上臂骨折临时固定法

a) 使用夹板时　b) 不使用夹板时

3. 大腿骨折临时固定方法

(1) 使用夹板。将长夹板（长度为从腋下到足跟）放在大腿外侧；短夹板（长度为从大腿根到足跟）放在大腿内侧。再用三角巾或绷带、布条等在骨折部位的上下两端、踝关节、膝关节与小腿中部、髋部与腰部 7 个部位加以固定。在踝关节与膝关节处加垫。

(2) 不使用夹板时。将伤工受伤的下肢与没有受伤的下肢用三角巾等分段绑在一起加以固定。捆绑部位同使用夹板时，如图 8—22a 所示。

4. 小腿骨折临时固定方法

(1) 使用夹板时。可用 1～2 块夹板。当使用一块夹板时，夹板放在小腿外侧；用两块夹板时，夹板放在小腿的内、外侧各一块。再用三角巾或绷带、布条等在骨折部位的上下两端、膝关节、踝关节、大腿 5 个部位加以固定。踝关节与膝关节加垫。夹板的长度应为从大腿中部到足跟。

(2) 不使用夹板时。将伤工两小腿并列，用三角巾或绷带、布条等在骨折部位的上下两端、膝关节等三个部位加以固定，踝关节与足用一块三角巾做“8”字形固定，如图 8—22b 所示。

5. 锁骨骨折临时固定方法

(1) 使用夹板时。用一块“丁”字形夹板放在伤工背后，先用一条三角巾（或宽布带）将夹板下端固定在腰部；再用两条三角巾（或布带）将两块夹板上下端分别固定在两肩即成。

(2) 不使用夹板时。可用绷带（或布条）做“8”字形固定。在伤工双侧腋下先加垫，将绷带斜放于伤工背部，经右肩上部和

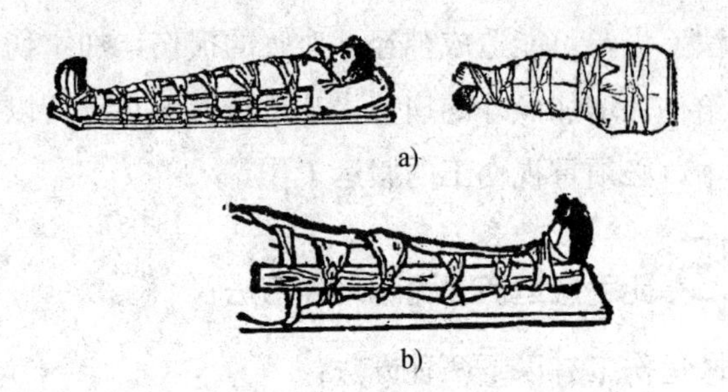

a)

b)

图 8—22　腿部骨折临时固定法

a）大腿骨折临时固定方法　b）小腿骨折临时固定法

右腋下绕至背部，再绕到左肩上部，经左腋下到背部。继续上述“8”字形缠绕，直到固定好锁骨为止，如图 8—23a 所示。

6. 肋骨骨折的临时固定方法

用两条三角巾（或衣服布片）折成宽四指的布带，在伤工深吸气后，立即围胸固定，在未受伤的胸前打结，如图 8—23b 所示。

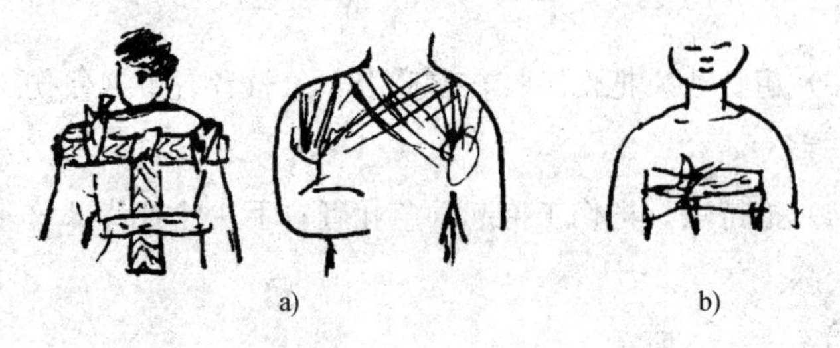

a)　　b)

图 8—23　锁骨、肋骨骨折临时固定法

a）锁骨　b）肋骨

224. 为什么要重视伤工的搬运工作?

经过现场急救处理的伤工，需要搬运到医院进行救治和休养。由于煤矿井下条件复杂，行走道路不畅通，若在搬运过程中采取的方法不当，可能造成神经、血管的损伤，加重伤情，出现合并症，给伤工增加额外的痛苦，甚至造成死亡。所以，在现场急救过程中，必须重视伤工的搬运工作。

225. 徒手搬运伤工有哪几种方法？

徒手搬运伤工有以下两种方法：

1. 单人徒手搬运法

（1）扶持法。对于受伤不严重的伤工，急救者可以扶持着他走出。

（2）背负法。急救者背向伤工，让伤工伏在背上，双手绕颈交叉下垂，急救者用双手抱住伤工大腿。如果巷道太低或伤工本人因伤不能站立，急救者可躺于伤工一侧，一手紧握其肩，另一手抱其腿用力翻身，使其伏到急救者背上而后慢慢爬行或站立行走。

（3）肩负法。把伤工扛在右肩上，急救者右手抱住伤工的双腿与右手。

（4）抱持法。把伤工抱起，急救者右手扶住其背部，左手托住其大腿。

如图 8—24 所示。

2. 双人徒手搬运法

（1）双人抬坐法。两名急救者将手搭成“井”字形并握紧，让伤工坐在上面，伤工的双手扶住急救者的肩部。

（2）双人抱托法。急救者一人抱住伤工的肩部和腰部，另一人托住其臀部及腿部，如图 8—25 所示。

a)　　b)　　c)　　d)

图 8—24　单人徒手搬运法

a）扶持法　b）背负法　c）肩负法　d）抱持法

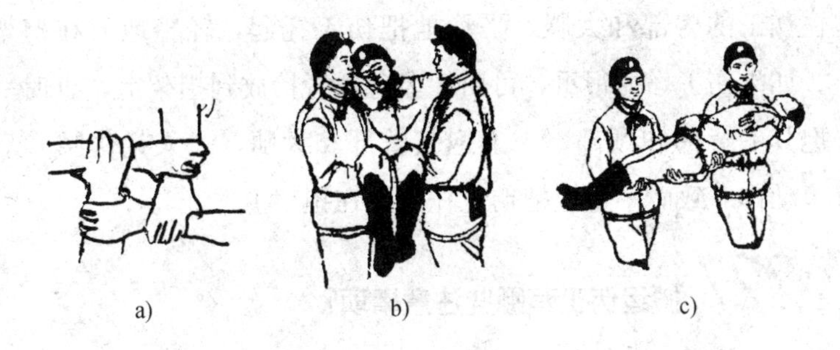

a)　　b)　　c)

图 8—25　双人徒手搬运法

a）手搭“井”字形　b）双人抬坐法　c）双人抱托法

226. 如何使用担架搬运伤工？

对重伤工一定要用担架搬运。若现场没有专门的医用担架，可就地取材，用木板、竹笆、衣服、绳子、毛毯、木棍、风筒布、塑料网及刮板输送机槽等临时制成简易担架，如图 8—26 所示。

在向担架上抬放伤工时，首先把担架平放在伤工一侧，急救者跪在伤工另一侧，其中一人抱住伤工的颈部和下背部，另一人

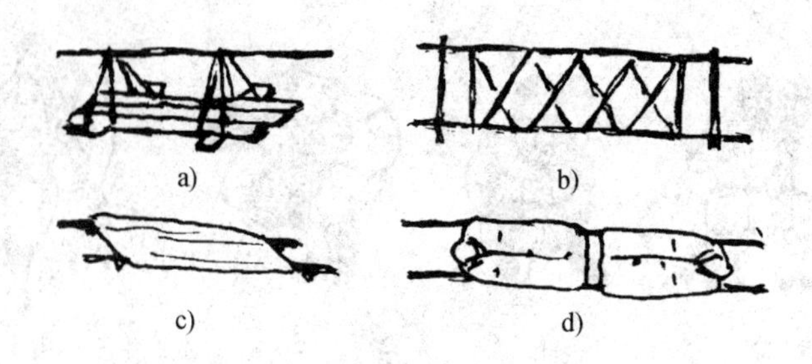

图 8—26　担架种类

a）木板　b）绳索　c）帆布　d）矿工服

抱住伤工的臀部和大腿，平稳地把伤工托起，轻轻地放在担架上。如果伤工伤情很重，可由 3 名急救者抬放到担架上，这时一人抱其上背部和颈部，一人抱其臀部和大腿，一人托住腰和后背，动作一致而平稳地把伤工托起放在担架上。

227. 搬运伤工有哪些注意事项?

1. 搬运伤工一般注意事项

（1）在搬运转送以前，一定要先做好对伤工的检查和进行初步的急救处理，以保证转送途中的安全。

（2）要根据当地具体情况，选择适当的搬运方法。

（3）用担架抬运伤工时，应使其脚在前、头在后。这样可以使后面的抬送人员随时看清其面部表情，如发现异常情况，能及时停下来进行抢救，如图 8—27 所示。

（4）搬运过程中，动作要轻，脚步要稳，步伐要迅速而一致，要避免摇晃和振动，更不能跌倒。

（5）沿斜巷往上搬运时，伤工应头在前，脚在后，担架尽量

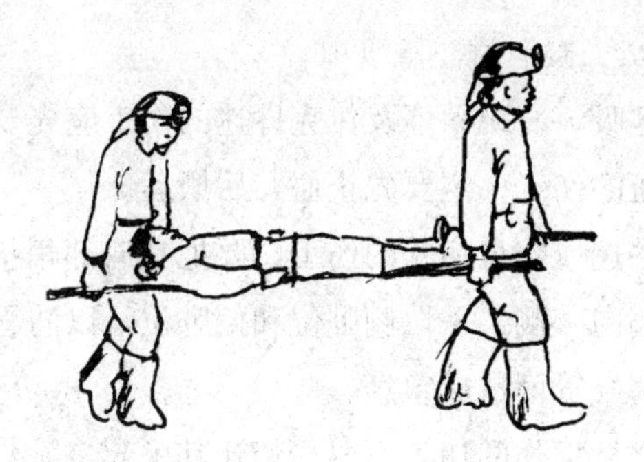

图 8—27　抬运伤工时伤工头在后面

保持前低后高，以保证担架平稳，使伤工舒适；沿斜巷往下搬运时则反之，如图 8—28 所示。

图 8—28　抬运担架保持平稳

（6）在抬运转送伤工过程中，一定要为伤工盖好毯子或衣服，使其身体保暖，防止受寒。

（7）将伤工抬运到矿井大巷后，如有专用车辆转送，一定要把担架平稳地放在车上并固定，或急救者始终用手扶住担架，行驶速度不宜太快，以免颠簸。

（8）抬送伤工时，急救者一定要始终保持沉着、镇静，不论发生什么情况，都不可惊慌失措。将伤工搬运到井上后，应向接管医生详细介绍受伤情况及检查、抢救经过。

2. 危重伤工搬运时注意事项

（1）对呼吸、心跳骤停及休克昏迷的伤工应先及时复苏后再搬运。大出血的伤工一定要先止血，后搬运。

（2）对昏迷或窒息症状的伤工，要把其肩部稍垫高，使头部后仰，面部偏向一侧，采取侧卧位和偏卧位，以防胃内呕吐物或舌头后坠堵塞气管而造成窒息。

（3）对脊柱损伤的伤工，要严禁让其坐起、站立和行走，也不能用一人抬头、一人抱腿或人背的方法搬运，应用硬板担架运送。因为当脊柱损伤后，再弯曲活动时，有可能损伤脊髓而造成截瘫甚至突然死亡，所以在搬运时要十分小心，如图 8—29 所示。

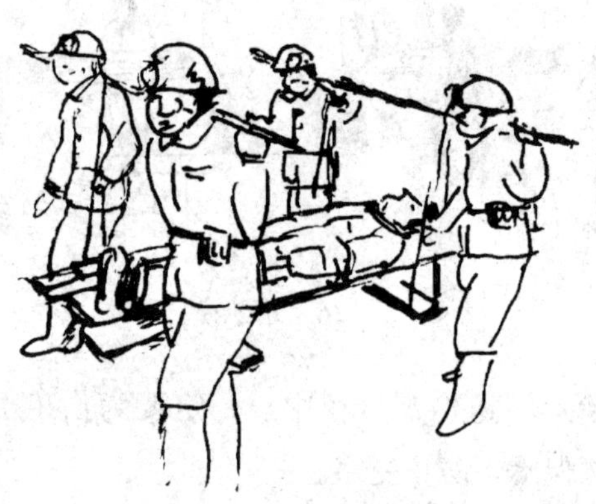

图 8—29　抬运脊柱、颈椎、胸（腰）椎损伤伤工使用硬板担架

（4）对颈椎损伤的伤工，搬运时要有一人抱其头部，轻轻地向水平方向牵引，并且固定在中立位仰卧，不使颈椎弯曲，严禁左右转动。担架应用硬木板，伤工肩下应垫软枕或衣物，注意颈下不可垫任何东西，头部两侧固定，切忌抬头。如果伤工的头与

颈已处于歪曲、不正状态，不可勉强扶正，以免损伤脊髓而造成高位截瘫，甚至突然死亡。

（5）对胸、腰椎损伤的伤工，要把担架放在其身边，由专人照顾伤处，另 2～3 人在保持伤工脊柱伸直的情况下用力轻轻将其推滚到担架上，推动时用力大小、快慢要保持一致。伤工在硬板担架上仰卧，受伤部位垫上薄垫或衣物，严禁坐起或肩背式搬运。

（6）对颅脑损伤的伤工，在搬运途中要用软垫或衣服将头部垫好，设法减少颠簸，注意维持呼吸道通畅。

（7）对腹部损伤的伤工，搬运时应将其仰卧于担架上，膝下垫衣物，使腿屈曲，防止因腹压增高而加重腹痛和内脏膨出。

（8）对骨盆损伤的伤工，搬运时应仰卧在担架上，双膝下垫衣物，使腿屈曲，以减少骨盆疼痛。

参 考 文 献

1. 国家安全生产监督管理总局，国家煤矿安全监察局. 煤矿安全规程. 北京：煤炭工业出版社，2010

2. 国家安全生产监督管理总局，国家煤矿安全监察局. 煤矿防治水规定. 北京：煤炭工业出版社，2009

3. 李定远. 煤矿重大安全生产隐患认定及治理. 北京：中国三峡出版社，2006

4. 国家安全生产监督管理总局矿山救援指挥中心. 《矿山救护规程》解读. 徐州：中国矿业大学出版社，2008

5. 孙树成，朱志宏，袁河津. 矿山救护工（中级、高级）. 北京：煤炭工业出版社，2005

6. 国家安全生产监督管理总局，国家煤矿安全监察局. 防治煤与瓦斯突出规定. 北京：煤炭工业出版社，2009

7. 方裕璋. 煤矿应急救援预案与抢险救灾（修订版）. 徐州：中国矿业大学出版社，2005

8. 周心权，常文杰. 煤矿重大灾害应急救援技术. 徐州：中国矿业大学出版社，2007

9. 黄喜贵. 矿山救护队员. 北京：煤炭工业出版社，2006